新一代300Mvar双水内冷调相机设备检修手册

主　编　马　龙　　代海涛　　宋臻吉

副主编　吕守国　　王晓冬　　曲占斐　　张振华　　任众楷

编　委　刘丽娜　　赵永正　　杨惟枫　　李　振　　王鑫威
　　　　　张　岩　　王宝源　　陈洪萍　　孙守朋　　孙世伟
　　　　　赵泽宁　　辛　振　　公薪宇　　张厚君　　李　志
　　　　　荆云波　　孙小飞　　王宝锋　　陈　飞　　焦　浩
　　　　　高　栋　　刘庆龙　　丁　厦　　宋慧慧　　李炤利
　　　　　王友欢　　孙　兴　　潘淑田　　孙鹏飞　　李德智
　　　　　姜仁坤　　邢　明　　张　青

江苏大学出版社

JIANGSU UNIVERSITY PRESS

镇　江

图书在版编目(CIP)数据

新一代300Mvar双水内冷调相机设备检修手册 / 马龙，代海涛，宋臻吉主编. — 镇江：江苏大学出版社，2021.11
ISBN 978-7-5684-1677-1

Ⅰ. ①新… Ⅱ. ①马… ②代… ③宋… Ⅲ. ①同步补偿机－设备检修－手册 Ⅳ. ①TM342－62

中国版本图书馆CIP数据核字(2021)第209679号

新一代300Mvar双水内冷调相机设备检修手册

主　　编/马　龙　代海涛　宋臻吉
责任编辑/李菊萍
出版发行/江苏大学出版社
地　　址/江苏省镇江市梦溪园巷30号(邮编：212003)
电　　话/0511-84446464(传真)
网　　址/http：//press.ujs.edu.cn
排　　版/镇江市江东印刷有限责任公司
印　　刷/句容市排印厂
开　　本/787 mm×1 092 mm　1/16
印　　张/11.25
字　　数/253千字
版　　次/2021年11月第1版
印　　次/2021年11月第1次印刷
书　　号/ISBN 978-7-5684-1677-1
定　　价/48.00元

如有印装质量问题请与本社营销部联系(电话：0511-84440882)

前　言

新一代调相机是一种无功补偿装置,是运行于电动机状态向电力系统提供或吸收无功功率的同步电机。它不带机械负载,同时也没有原动机,主要用于发出或吸收无功功率,改善电网功率因数,进而维持电网电压水平。本次国网公司新上大型调相机的目的:送端电网,用于在直流换相失败时吸收过剩无功,防止电压抬升;受端电网,用于提供无功支撑,提高换相失败恢复能力。同步调相机的冷却介质分为两种,即空气冷却和水冷却。双水内冷调相机即调相机定子线圈和转子线圈均为水冷却,并配置相应的定、转子冷却水集装。与此同时,调相机系统还配置了除盐水系统和外循环水系统。除盐水系统为内冷水系统提供水质合格的冷却水,外循环水系统对内冷水水质进行冷却,从而达到对定、转子线圈的冷却。

本书详细介绍了新一代 300Mvar 双水内冷调相机系统的检修方法及技术数据。主要内容包括调相机本体、定转子冷却水系统、润滑油系统、除盐水系统、外循环水系统、电动机、励磁系统、电气设备、二次控制系统、热控设备等各系统的检修项目、检修流程、检修工艺等。本书内容丰富、实用性较强,可供调相机运维人员及从事调相机检修工作的施工单位等使用。

本书内容在执行过程中发现的问题已及时向国网山东省电力公司检修公司直流运检中心反映。由于编者水平有限,书中疏漏在所难免,敬请读者批评指正。

目　录

第1章 调相机本体检修规程

1.1 调相机本体检修

1.1.1 设备概况

（1）调相机功用

TTS-300-2 型双水内冷调相机为卧式结构,具备较强的双向无功调节能力,有助于直流功率的快速恢复和系统稳定,还可大幅降低发生故障后的电压波动幅度,有益于故障后系统电压的快速恢复。

（2）主要技术数据

调相机主要技术数据见表 1-1 至表 1-3。

表 1-1 调相机基本规格参数

项目	参数
机组编号	#1、#2、#3 调相机
型号	TTS-300-2
额定功率/MW	300
额定电压/kV	20
额定电流/A	8660
额定频率/Hz	50
额定转速/$(r \cdot min^{-1})$	3000
功率因数	0
励磁电压/V	415
励磁电流/A	1835
定子绕组冷却水流量/$(T \cdot h^{-1})$	55
定子冷却水压力/MPa	0.4~0.6
转子冷却水流量/$(T \cdot h^{-1})$	50
转子冷却水压力/MPa	0.4~0.6
相数	3

续表

项目	参数
定子绕组接线方式	YY
超速	120%
绝缘等级	F
定子重量/kg	235000
制造厂家	上海电气电站设备有限公司发电机厂

表 1-2　冷却介质空气的基本数据

项目	参数
纯度	正常值 98%，最低值 95%
工作压力	额定值 0.3 MPa（表压），允许公差 ±0.015 MPa
进气温度	正常值 35~46 ℃，最高值 46 ℃
含水量	取样化验时，含水量在大气压力下 ≤1 g/m³；补入的空气，含水量在大气压力下 ≤0.5 g/m³

表 1-3　调相机允许的温度限值

项目	参数
定子绕组	埋置检温计法 120 ℃
定子绕组出水	埋置检温计法 90 ℃
定子铁芯	埋置检温计法 120 ℃
转子绕组	电阻法 110 ℃
轴瓦	埋置检温计法 90 ℃
轴承及润滑出油	温度计法 70 ℃
热空气	温度计法 65 ℃
集电环	温度计法 120 ℃

（3）调相机长期连续运行的正常工作条件

① 安装地点在海拔 1000 m 及以下的一般室内场所。

② 定、转子冷却水的进水温度在 10~40 ℃ 范围，水量水质应符合规定的要求。

③ 气体冷却器的冷却水温度不高于 33 ℃，调相机冷却空气的进气温度不高于 40 ℃，不低于 5 ℃，以实际不结露为准。

1.1.2　检修周期及检修项目

（1）检修周期

① 大修每 5~8 年进行一次。

② 小修每年进行一次。

（2）本体大修标准项目

① 调相机解体与各部分吹扫,清除污垢。

② 分解调相机,分解前应进行反冲洗。

③ 检修调相机定子、转子、出线。

④ 检修调相机定子铁芯与端部铁芯压铁。

⑤ 检修定子槽楔。

⑥ 检修定子端部压板螺丝、环氧板支架螺丝、垫块、绑线。

⑦ 检查定子线棒有无磨损、过热、流胶、脱落及电腐蚀情况,并进行处理。

⑧ 检查定子线棒、并头套、水接头、绝缘引水管及铁芯各部位有无漏水、渗水痕迹,并根据情况修理。

⑨ 检查调相机定子引出线。

⑩ 根据定子绝缘引水管是否有渗水、弯管、磨损及水压试验情况,决定是局部还是全部更换绝缘引水管。

⑪ 定、转子水路正、反冲洗。

⑫ 检查转子表面、二端大小护环、风扇表面有无漏水痕迹。

⑬ 检查转子平衡块及平衡螺丝紧固情况。

⑭ 检查转子风扇及大小护环与金属探伤。

⑮ 检查转子进水中心孔。

⑯ 更换转子绝缘引水管。(根据厂家规定及现场情况决定)

⑰ 实施转子流量试验,定子更换线棒时或必要时进行单根线棒的流量试验。

⑱ 实施定、转子水压试验。

⑲ 检修甩水盒。

⑳ 清刷空气冷却器,并进行水压试验。

㉑ 实施调相机电气预防性试验。

㉒ 组装后查漏,试运行。

1.1.3 检修准备工作

（1）制订大修项目,并于大修前 45 天报出,其内容包括:

① 大修标准项目。

② 设备缺陷项目。

③ 批准的改进项目。

（2）根据大修项目做好以下工作:

① 根据大修项目做出材料计划、人员工时计划,并于大修前 45 天报出。

② 根据所定材料计划,备齐大修时所需要的材料、备品、专用工具。

③ 根据人员工时计划,制订出每项工作计划的工时与大修进度表。

④ 准备大修所用图纸、资料、记录本及表格。

⑤ 检查、整理所用工具和材料,备齐登记后运往现场。

⑥ 组织参加大修的人员学习检修规程、安全工作规程及特殊项目技术措施和安保措施等。

1.1.4　检修工艺要求

（1）本体试验项目及标准

电气预防性试验按国家标准及制造厂家的有关规定实施。试验前，拆除调相机定子绕组与封母软连接及中性点连线，并保持安全距离或用绝缘胶皮将母线与调相机出线隔离，拆开汇水管接地连接片，测量汇水管对地绝缘合格后，将测温接线板上的接线柱非出线端、出线端的金属线断开，试验完毕后应将上述金属线恢复原位。

1）热态下的试验项目及标准

① 定子线圈的绝缘电阻和吸收比测量：水内冷定子绕组用专用兆欧表测量，测量时调相机引水管电阻在 100 kΩ 以上，汇水管对地绝缘电阻在 30 kΩ 以上。绝缘电阻值自行规定，在相近试验条件（温度、湿度）下，当绝缘电阻值低于历年正常值的 1/3 时，应查明原因，并设法消除。各相或分支绝缘电阻的差值不应大于最小值的 100%；吸收比 $R_{60s}/R_{15s} \geq 1.6$。

② 定子在通水情况下，线圈对地交流耐压试验：$1.5U_n$。

③ 定子直流耐压和泄漏电流的测量。电压自 $0.5U_n$ 分段升至 $2.5U_n$，每段停留 1 min，应符合下述标准：泄漏电流不应随时间的延长而增大，在规定的试验电压下，各相电流差别不应大于最小值的 100%，相间电流与历次试验结果比较，不应有显著变化。

④ 温升试验（第一次大修后或必要时）：确定调相机各部分的温度分布特性，以及各温度监测点限值和温升裕度在规程和反措规定范围内。

2）冷态下的试验项目及标准

① 测量定子线圈直流电阻：测得各相的直流电阻在校正了由于引线长度不同而引起的误差后，最大值和最小值之间的差值与最小值之比不得超过 1.5%；与初次测量的差别比较，当相对变化大于 1% 时应引起注意。

② 机组安装与检修后定子线圈电位外移试验数据对比见表 1-4。

表 1-4　定子线圈电位外移试验数据对比表

机组状态		交接时或现场处理绝缘后		大修或小修时	
测量部位		手包绝缘引线接头及盘车侧隔相接头	端部接头（包括引水管锥体绝缘）及过渡引线并联块	手包绝缘引线接头及盘车侧隔相接头	端部接头（包括引水管锥体绝缘）及过渡引线并联块
U_n	18 kV	1.2	1.7	2.3	3.5
	20 kV	1.3	1.9	2.5	3.8

③ 测量转子线圈绝缘电阻：用 500 V 兆欧表测定，不应小于 0.5 MΩ。

④ 测量转子线圈直流电阻：与初次测量值比较，不超过 2%。

⑤ 测量出线端、非出线端汇流管和定子出线汇流管的绝缘电阻：用万用表测量，绝缘电阻应大于 30 kΩ（厂家规定）。

⑥ 定子出线绝缘子工频耐压强度试验:在空气中试验,额定电压为 20000 V 时,试验电压为 51000 V,历时 1 min。

⑦ 测量转子绕组的交流阻抗:试验电压峰值不得超过额定励磁电压 494 V,在相同试验条件下将测量数值与历年数值比较,不应有显著变化,相差 10% 时应引起注意。

⑧ 拆大护环时转子绕组交流耐压试验:标准为 $5U_n$,但不低于 1000 V,不高于 2000 V,历时 1 min。

⑨ 在铁芯受损、局部高温及在大修中怀疑铁芯有短路时,应进行定子铁芯试验:磁密在 1 T 以下,齿的最高温升不大于 25 ℃,齿的最大温差不大于 15 ℃。

⑩ 测量定子绕组端部动态特性:绕组端部整体模态频率在 94~115 Hz 范围之内,且振形呈椭圆为不合格,并结合调相机历史情况综合分析(调相机组端部均有 94~115 Hz 范围内的共振频率,但振形不为椭圆,检修时应对端部紧固情况进行重点检查)。

⑪ 测量调相机和励磁机轴承的绝缘电阻:用 1000 V 兆欧表测量,不应小于 0.5 MΩ。

⑫ 测量定子线棒防晕层对地电位:小于 10 V。

⑬ 高压试验班在调相机组装前,应将以上电气试验的有关项目向设备部负责人交出一份试验报告。

(2)调相机解体

① 解体前必须使调相机转子大齿置于上下垂直位置,滑环引线螺钉在上下垂直位置,即使转子大齿在垂直位置,否则应进行调整。

② 待轴承、盘车、甩水盒、进水支座拆除完毕,做好拆除调相机两侧外端盖的工作。

③ 拆除调相机两侧的上部外端盖,测量端盖挡风环与大轴之间的间隙,在垂直和水平方向测四点;吊走上部外端盖后,检测风扇叶片与风扇挡风环之间的间隙,在垂直和水平方向测量三点即可,并做好记录。

④ 将上半内端盖拆开后吊至指定地点,用油漆做好位置记号(下半内端盖可以不进行拆卸,其位置不影响抽转子),同时取出内端盖的环氧绝缘板,并做好位置记号。

⑤ 进行调相机抽转子工作:详见抽、穿转子项。

⑥ 解体中的注意事项:

a. 各部件在拆除过程中不得损坏,对原始安装位置所测量的数据均应做好记录。

b. 所拆除零部件、螺母、螺栓、销钉及锁片应清点数量,遗失的要设法找回,并妥善保管,做好记录。

c. 解体后工作间断时,应用专用蓬布将机体两侧盖严。

(3)本体定子检修

1)铁芯的检查和检修

① 铁芯检查

a. 仔细检查铁芯各部位有无铁锈或其他腐蚀粉末,是否有局部过热痕迹,是否有碰伤现象,检查通风槽中小工字钢紧固程度,有无倒塌变形;检查两端阶梯形边端铁芯有无松动、过热、折断或变形。

b. 检查两端铁芯压圈、压指和铜屏蔽环是否有过热、变形或松动现象。

c. 检查各部通风孔是否有堵塞,如有应清扫干净。

② 铁芯的检修

a. 若铁芯内径齿部有锈斑或丹粉出现,可用毛刷将其清理干净,再刷上几遍绝缘漆。

b. 若铁芯片间绝缘损坏较严重,可用合适的螺丝刀轻轻撬开矽钢片(注意不得碰到线棒),用干燥清洁的压缩空气彻底吹扫,再用四氯化碳进行清洗,灌入绝缘漆或环氧胶(环氧胶配方为 6101 环氧树脂:650 环氧固化剂=1:1,再用甲苯稀释到所需浓度);然后每两片矽钢片间塞入 5~8 丝的天然云母薄片,塞入深度越深越好,待云母薄片完全自然固化或加热固化后,除去多余部分并整形。

c. 若铁芯表面有局部短路现象,在其周围用医用棉或腻子将缝隙塞严,用毛笔蘸30%~35%浓度的硝酸溶液反复刷洗,当溶液出现铁红色说明硝酸和矽钢片中的铁元素发生了化学反应,生成了硝酸铁和硝酸亚铁溶于溶液中;当溶液变为深红色后,用医用棉球擦掉,再用蒸馏水反复擦洗,注意水不得漏到线棒上。若铁芯试验不合格,再用同样浓度的硝酸溶液刷洗,重复上述过程,直至铁芯试验合格为止。由于矽钢片的绝缘漆和线棒绝缘材料均是黄绝缘呈现酸性,所以稀硝酸溶液不会与它们发生化学反应。虽然如此,但不允许将硝酸滴漏到线棒和其他铁芯上。

d. 若矽钢片齿根部出现金属疲劳,应设法消掉,以免运行中脱落引起后患。矽钢片倒伏但无金属疲劳时,无须扶直,因矽钢片硬度大,扶直处理后可能会使其根部断裂。

2)槽楔的检查和修理

① 槽楔的检查

a. 检查槽楔附近是否有黄粉出现,如有黄粉,说明槽楔松动后由振动磨损造成,用小锤敲击一块槽楔,当三分之二发清脆声则认为紧固,如整个槽内连续有两块松动应分别进行处理。封口槽楔的绑线不应有断股现象。

b. 各槽楔封口应与铁芯通风孔对齐,无突出铁芯及破裂、变形、老化现象。

② 槽楔的修理

a. 若槽楔需要修理,应使用木锤和环氧布板敲打,不得使用金属工具。在封口槽外进行缺陷处理时,应垫上绝缘纸板,以免损坏线棒端部绝缘。

b. 中间段槽楔松动,可能是由于楔下绝缘波纹板受热变形后长期受压失去弹性所致,应退出主槽楔和斜槽楔,取出波纹板和其上下两面的环氧玻璃布板,更换新波纹板,在波纹板上下两面垫上合适的环氧玻璃布板,再打上主槽楔和斜槽楔,使槽楔沿轴向首尾相接,以防止松动。

c. 封口槽楔下既无斜槽楔又无波纹板,其下只放环氧玻璃布板作为楔下垫条。封口槽楔打紧后用涤玻绳与上层线棒绑扎固定,并刷绝缘清漆或环氧胶,加热固化或自然固化。

d. 若在处理槽楔时,发现铁芯的扩槽段线棒的侧面斜楔松动,应将侧面斜楔取出,填塞半导体环氧玻璃布板,再将侧面斜楔打紧。

3)定子绕组端部的检查和修理

① 检查绕组端部及支承绑扎部件是否有油垢,如有油垢(密封瓦漏油造成的),应

用竹签清除油垢(竹签不得捅伤外包绝缘),并用干净的白布擦净。

② 检查线棒绝缘盒及附近的绝缘是否有膨胀现象,膨胀的原因大概有两个:一是由于绝缘包扎不紧密及绝缘盒没有严密浸入密封油,如果是这个原因引起的膨胀,应将绝缘盒拆开,清除填料,剥除膨胀部分的绝缘,重新半叠包 5438-1 环氧玻璃丝带,加热固化成型,把环氧填料(云母粉 120%+6101 环氧树脂 100%+650 环氧固化剂 120%)和成稠泥状填满原来的位置,装上绝缘盒试一试填料是否填得充实,再进行填平补齐,直到全部填充实为止,再把多余的填料切除,装好绝缘盒。二是由于线棒空心铜线与烟斗形接口焊接处漏水。此原因引起的绝缘膨胀,应对漏点用银焊 HLAgCu30-25 补焊,对准漏点迅速加热至 700~750 ℃ 快速补焊,避免股线超温引起焊接点开焊,焊接处周围绝缘应用潮湿的石棉纸保护好,同时应将线棒上的水分吹净,以免高温使水蒸发为水蒸汽造成砂眼。漏水的另一原因是绝缘引水管的接头螺母松动或密封铜垫不严,应更换退火处理的新铜垫,然后将螺母上到不漏水为止(不可拧得过紧,以免铜垫失去弹性)。上述工作完成后应进行水压试验。

③ 绝缘引水管接头处的绝缘包扎,先半叠包 5033 环氧云母带(0.13×25 mm)十二层(每层刷 1211 环氧晾干漆),最后三层必须包至绝缘盒内 30~40 mm,再包三层无碱玻璃丝带,并使环氧填料充满空隙,套上绝缘盒。绝缘盒与接头间过渡部分的填料需修成锥形,最外面半叠包四层无碱玻璃丝带。由于绝缘盒和环氧填料即为该处的对地绝缘,所以必须严密,不得有间隙。

4) 极相组连线,并联引线、主引线绝缘检查和修理

检查极相组连线,并联引线、主引线的绝缘是否有损伤、起皱、膨胀和过热现象,由于它们的绝缘状况影响主绝缘的电气水平,因此不得忽视。如需包扎绝缘,要将损坏部分剥除,刷上一层环氧胶,用 5438-1 环氧玻璃丝带半叠包至原来厚度,其绕向应与原绝缘方向相同,每包一层刷一遍环氧胶(6101 环氧树脂:650 环氧固化剂=8:2),最后包两层无碱玻璃丝带并刷环氧胶。包扎的新绝缘要与原绝缘搭接严密。

① 检查极相组连线,并联引线、主引线的接头处是否漏水,绝缘是否有膨胀、过热现象,如有漏水,应对接头进行磷银(HLAgCu80-5)补焊,重新半叠包 5033 环氧云母带(0.13×25 mm)二十层,再半叠包 2430 黑玻璃漆布带(0.15×25 mm)四层,各层间刷1211 环氧晾干漆,再半叠包(0.1×20 mm)无碱玻璃纤维带一层,最外层刷环氧胶合剂(6101 环氧树脂 50%+650 环氧固化剂 50%)。因这些过渡引线都不在槽内,所以自然固化即可。

② 定子绕组端部渐伸线部分在额定运行中要受到比槽内部分大得多的交变电应力,外部短路时所产生的交变电磁应力比额定运行时大近百倍,因此绕组端部的支架、绑环、防震环、斜形垫条、间隔垫块、槽口垫块、适形材料及绑绳都要认真检查,不得忽视遗漏。对于底层看不到的位置,要用反光镜检查,如有松动或绑绳断股,必须割除重新绑扎,加垫浸环氧胶的适形材料,绑扎浸环氧胶的涤波绳。端部如有绝缘磨损的现象,必须查明原因,包扎磨损部分的绝缘,重新绑扎固化。如绝缘磨损严重,要详细检查并分析原因,做出技术鉴定,及早做好更换新线棒的准备。

③ 检查绕组端部绝缘有无龟裂、漆膜脱落等现象,如有龟裂现象应分析原因,只要

电气试验合格,可以暂不处理,但应与制造厂联系采取补救措施,如果大面积脱漆,可以全部喷涂一遍漆。

④ 检查铜屏蔽环是否有局部脱漆、过热、裂纹现象,铜屏蔽环与压圈的固定螺栓是否松动,铜屏蔽环与压圈的导电螺栓是否紧固,局部小裂纹可以不必处理。如裂纹较大并出现过热脱漆时,应用样冲在裂纹端头击打出大圆瘢痕。

⑤ 检查聚四氟乙烯绝缘引水管有无裂纹、磨损及变质现象,如有上述情况,既使打水压试验合格,也要更换新管,更换的新管应经 1.5 MPa 压力下持续 5 min 的水压试验合格。更换新绝缘引水管时要同时更换经退火的锥形铜垫。

5）绕组槽部的检查和修理

① 检查线棒防晕情况时要与处理槽楔同时进行,检查防晕层有无小黑点或小黑面,如有,则说明有电腐蚀发生,应用毛刷清扫黑色粉末,涂刷低阻防晕漆。

② 如防晕层电腐蚀较严重,防晕层出现灰白色,应测量线圈表面电位,如线圈表面电位大于 10 V,说明有电腐蚀发生,应将被腐蚀的防晕石棉带剥离,重新粘补#797 低阻防晕石棉带(0.6×30 mm),再刷低阻环氧半导体漆。

③ 绕组的端部和槽部检修工作全面结束后,如有必要,可在端部喷环氧红瓷漆覆盖。

6）定子检修注意事项

① 进入定子腔前,腔内必须铺上胶皮,穿上专用工作服和工作鞋,钥匙、小刀、香烟、火柴、打火机、发卡、硬币、戒指等不准带入定子腔内。

② 所用材料和工具不得掉入通风孔中,如掉入,必须设法取出。

③ 工作间断或工作完毕要清点工具,并用专用蓬布盖严。

④ 如有工具遗失,要设法找回,否则不得继续工作。

⑤ 定子腔内如动火,必须按明火作业规程进行,并做好防火措施。

⑥ 照明要用 36 V 以下的人体安全电压。

（4）定子流量、水压试验

1）定子线棒流量试验

调相机里通入冷却水后,用超声波流量仪在调相机两侧的聚四氟乙烯绝缘管上测得进、出水的流量,通过表格形式记录每根线棒的流量,并进行数值比较。进水总流量近似等于出水总流量,每根聚四氟乙烯绝缘管的流量与所在侧的平均流量差不大于 15%。

2）定子线棒水压试验

① 更换出线端绝缘引水管至汇流管接头的锥形铜垫,接头螺帽不要拧得太紧,以免铜垫失去密封作用,只要在水压试验中不渗漏即可。

② 将进出水汇流管的母管法兰松开,加上堵板,并将进出水汇流管排污门关严。

③ 从气端汇流管上部拆开一个绝缘引水管的接头,用漏斗向引水管注水,此引水管溢水时,证明线棒和汇流管已充满水,把水压试验机接在汇流管的接头上,绝缘引水管的接头用丝堵堵住。

④ 启动水压试验机,将压力升至 0.7 MPa 后保持不变,持续 8 h,水压试验中应对

线棒的各接头、绝缘引水管接头、并联引线至软联接上部接头和极相组连线的接头逐一进行详细检查,不得有渗漏现象。

⑤ 逐一检查各绝缘引水管是否有裂纹、磨损、折伤、变质现象,如有,应更换试验合格的新绝缘引水管。

⑥ 以上试验结束后,各部均应恢复运行状态。

3)出线部分水压试验

① 将出线汇流管的进出母管法兰拆开,加上堵板,将主引线的绝缘引水管接头拆下,用丝堵拧紧,从拆开头的绝缘引水管处用漏斗注水,直到注满为止。

② 将水压试验机接在绝缘引水管的接头上,开启水压试验机,将压力升至 0.7 MPa 后保持不变,持续 8 h。

③ 备用绝缘水管更换前应单独进行水压试验,压力为 0.15 MPa,时间为 15 min。

④ 水压试验时应对主引线接头、套管接头及绝缘引水管接头、进出汇流管接头等进行详细检查,不得有渗漏现象。如存在渗漏现象,在压力下降时,应及时查明原因,处理后重新进行试验。再用内冷泵与定子一起进行试验时,不得有渗漏现象。

⑤ 逐一检查各绝缘引水管是否有裂纹、磨损、折伤、变质现象,如有,应更换试验合格的新绝缘引水管。

⑥ 以上试验结束后,各部均应恢复运行状态。

（5）转子的检修和测量

1）转子的检修

① 检查风扇叶片有无裂纹、变形和蚀斑点,螺母应紧固,止动垫应扳边销紧,叶片抛光面应光滑,可用小铜锤轻轻逐个敲打,叶片应无破裂音响。叶片根部 R 角处是应力集中点,要细心检查,并进行金属探伤。

② 拆装叶片螺母要用力矩扳手,力的大小控制在 250~300 N 较为合适,不得用力过猛。

③ 需要更换新叶片时,应将新旧叶片严格称重,新旧叶片的重量要相同,如有差别,挑选重量相近的叶片,并用锉刀将新叶片从叶片顶部挫去一部分,直至重量合乎要求;剩余叶片部分要整形圆滑,不得有尖角,也不得划伤叶片,目测和探伤检查合格后方可安装叶片,安装的叶片角度要与旧叶片相同。

④ 检查护环、中心环、风扇座环和风扇环有无裂纹、变形,对可疑点用纱布打磨后再用放大镜仔细观察,并请金属组人员检查鉴定,如有必要,由金属组人员对以上环件进行金属探伤检查。

⑤ 中心环上的平衡块是容易松动的零件,必须逐个进行检查,如有松动,应可将平衡块顶丝旋紧后用样冲封死,再将两端头的平衡块与中心环槽用样冲封死固定。

⑥ 转子本体上的平衡螺钉也是容易松动的零件,必须逐个认真检查。如有松动,将其旋紧后用样冲封死固定。

⑦ 检查护环与转子本体搭接处有无变色及电腐蚀、电烧伤现象。如有轻微的变色和电腐蚀,可以不做处理,但要记下位置,以便进一步观察,并向有关领导汇报、分析原因。如果烧伤和电腐蚀严重,要会同制造厂研究处理方案。

⑧ 检查转子本体表面是否有变色、锈斑现象。若有变色现象,说明转子本体过热,要设法进行处理,同时做好标记和记录,以便今后进一步观察;有锈斑时,说明氢气湿度大,应向制氢站人员反映,以加强氢气的干燥。

⑨ 转子槽楔不应有断裂、凸出和位移,进出风斗要与铜线通风孔对齐,不应盖住通风孔,进出风斗不应变形,进出风斗应畅通、无积灰和油垢,导风舌不应歪斜。

⑩ 检查护环环键的搭子不应有变形和开焊现象,中心环下的尼龙导风叶片不应有裂纹和松动。

⑪ 检查滑环表面是否光滑,无锈斑、烧痕,凹凸不平不应超过 0.5 mm,超过时应进行车铣,并用金相砂纸打光,使粗糙度在 Ra0.8 以下。

⑫ 滑环引线螺丝应紧固,锁垫应扳边销紧,密封胶圈不应漏气,通风孔、月牙槽和螺旋槽应无油垢,可用 0.3 MPa 干燥的压缩空气将滑环吹扫干净。

⑬ 对转子进行反冲洗,冲洗时在转子出水用 0.5~0.7 MPa 不含油污的压缩空气逐个把转子内的剩水吹干,通入冷凝水并重新接入压缩空气,从进水口和出水口多次正反冲洗,直至排除全部污物。

⑭ 转子检修工作结束,进行整体水压试验,在 7.5 MPa 压力下持续 8 h。

2) 转子环件的测量

① 护环与铁芯接合处的间隙按原始标记分八点用塞尺测量。

② 护环外径按原始标记,分二段四点用外径千分尺测量。

③ 滑环表面凹凸不平不应超过 0.5 mm。

④ 测量滑环偏心度不应超过 0.05 mm。

⑤ 测量滑环最大和最小直径。

⑥ 以上各项测量数据要做详细记录,并与以往的数据进行比较。

(6) 调相机装转子

装转子的工艺步骤与抽转子时相反。

① 装转子前应对定子膛内进行彻底吹扫和清擦,吹扫和清擦到的位置,要再用吸尘器清理干净。

② 确认定子膛内无遗留物品,得到领导同意后,方能做装转子工作。

③ 装转子前应对转子的进出风斗吹扫一遍。

④ 待转子装入正确位置后,按原来的位置记号对号入座地装上转子的气端风扇叶,拧紧螺母,锁牢锁垫。如发现风扇叶螺杆和螺母有滑丝现象,应更换经称重适当的备用叶片和螺母。

(7) 内外端盖的组装

① 转子装入定子膛内后,要及时安装内外端盖,不允许将转子长时间吊在吊具上。

② 将汽励两端的内端盖连同风扇罩和绝缘板清擦干净,首先装好汽励两端的下半内端盖连同风扇罩和绝缘板。

③ 配合机械装上汽励两端的下半外端盖和轴瓦。

④ 装上汽励两端的上半内端盖连同风扇罩和绝缘板,用 500 V 摇表测内端盖对地绝缘电阻(应大于 1 MΩ)。

⑤ 测量风扇和风扇罩间隙,其风档间隙应符合标准。

⑥ 所有的螺丝、销子、平垫、止推垫都要紧固,并有专人负责最后检查一遍。

（8）检查及连接调相机引线

① 检查调相机出线罩内软连接线及过渡引线应无松散、断裂,套管应光滑干净,各接触面的镀银层良好,应无发热、变色和放电现象,各处所包绝缘物应无发热、变色和烧焦现象。

② 出线进出水母管和绝缘引水管应无松动和断裂现象。

③ 出线罩外套管内的接触面用酒精清擦干净,软连接辫子线紧固后,用 0.05 mm 塞尺检查接触面,四周任何一点插入深度不超过 5 mm。

④ 出线罩内的油垢要清理干净,排污管路要畅通无阻,套管应干净清洁,待出线水路水压试验合格、各部检查无误后,装上出线罩人孔门,并更换人孔门的橡胶密封垫。

（9）滑环刷架和引线的装复

① 将刷架的每个刷握清理干净,各部螺丝紧固,取出所有电刷,将刷架吊入原来位置,不得碰伤滑环,并将地脚螺丝紧固。

② 调整各刷握距滑环表面的距离为 2~3 mm 且均匀一致,并使刷握垂直于滑环,不得歪斜。

③ 滑环引线每次大修时要倒换正、负极的位置,以使两滑环的磨损均匀一致并消除长期单向磁场造成转子剩磁过大的问题。

④ 对于较短的电刷要更换新刷,新刷与滑环的接触面要吻合,电刷与刷握的间隙保持在 0.1 mm 并能上下自由活动,电刷与集电环接触面应达到 75% 以上。

⑤ 要使用统一型号的电刷,且电刷型号和尺寸应符合要求,电刷要完整无破裂,刷辫要铆接牢固,无断开、松散现象,接触电阻相差不应过大。

⑥ 调整碳刷弹簧压力为 117~127 kPa,相邻电刷压差不大于 10%,如振动,可加大压力 50%~75%。

⑦ 用干燥的压缩空气吹扫滑环和刷架,用 1000 V 摇表单独测量刷架绝缘电阻是否良好。

（10）开机试验项目

① 不同转速下的转子绕组绝缘电阻、交流阻抗和功率损耗（大修后进行）分别在 500、1000、2000、3000 转时进行测量（各点维持 5 min）。在相同试验条件下与历年数值比较,阻抗和功率损耗值不应有显著变化,相差 10% 应引起注意。

② 测量空载特性曲线（大修后进行）:在额定转速下,定子最高电压升至额定电压的 1.1 倍（带变压器时）,将其与制造厂数据比较,应在测量误差的范围以内。

③ 测量三相稳定短路特性曲线（交接或必要时）:将曲线与制造厂数据比较,应在测量误差的范围以内。

④ 测量轴电压:轴承油膜被短路时,转子两端轴上的电压一般应等于轴承与机座间的电压,轴对地电压一般小于 10 V（测量时采用高内阻交流电压表,其内阻>100 kΩ/V）。

（11）调相机转子护环检修

根据转子试验结果及对转子匝间短路、接地点的查找结果,确定需要将哪一侧的护环拔下才能进行故障的处理。

1）拔护环作业前的准备工作

① 在进行拔护环工作前必须将所需工具、材料准备充足：

a. 拔、装护环专用的固定端环、拆卸用顶圈、压紧端环、起吊护环钢圈。

b. 长、短丝杠各 4 根，长丝杠用于收紧护环，短丝杠用于顶出护环。

c. 进行丝杠拆卸的专用扳手。

d. 收环键时所用的专用铝斜楔，用于固定中心环的铝斜楔。

e. 用于检查环键收回状态的塞尺。

f. 为使护环加热均匀，必须准备 8 套以上的加长#1 焊炬，为防止在加热时因焊炬损坏造成加热不均匀情况的发生，应备有备用焊炬。

g. 氧气、乙炔各准备 10 套，使用前检查是否未满瓶。

h. 搁置转子用的枕木足量。

i. 转子绝缘瓦一套，用于旧绝缘瓦损坏时的更换。

j. 隔热用的石棉布，搁放护环用的铁板。

② 必须对作业时所用的天车进行仔细检查，要求操作灵活、限位准确、刹车制动部分良好可靠。

③ 将转子搁置在枕木上，保证作业中转子不会发生轴向位移及转动。搁置时必须大齿垂直放置，防止转子受力变形。搁置高度为地面至转子最低处约 600 mm，以方便进行拔、装作业。月牙槽距离转子与枕木接触点不小于 500 mm，并且两者间不容许有影响作业的物品。

④ 做好转子护环、中心环、尼龙导风叶相对位置的标记，以便能够按照标记进行准确回装。

⑤ 拆下尼龙导风叶，用 4 个以上的铝斜楔将中心环进行固定，使其在拔护环过程中不会发生轴向、径向位移及旋转。

⑥ 用石棉布将中心环处的通风孔填塞封闭，防止在护环加热时火焰进入端部而损坏端部线圈及绝缘件。

⑦ 安装固定端环，使其牢固地固定在转子上。

2）拔护环作业

① 收环键作业。针对不同情况，收环键有两种方法：

a. 冷态收环键。该方法适用于护环未发生轴向位移、环键在键槽内能够移动的情况。用专用铝斜楔将环键向中间收紧，用塞尺在两侧月牙槽处检查环键与护环间的间隙，确认环键收回状态能否进行拔护环作业。

b. 加热收环键。在护环发生轴向位移后，环键与护环的紧力加大，无法在冷态情况下将环键收回，这时必须加热后将护环移位，使环键能在键槽内移动后，再将环键收回。用 8 套#1 焊炬给护环表面均匀加热，温升平均速率不超过 7 ℃/min，整个护环尤其是嵌装面不允许出现局部过热现象，当温度达到 250 ℃ 左右时停止加热，用游锤均匀撞击护环，使之向内轻微移动，并利用固定端环与压紧端环在长丝杠的作用下拉紧护环。检查环键的紧力情况，当环键可以移动时收回环键，并在月牙槽处检查环键的收回情况,确认护环能否拆卸。

② 拔护环作业。按照左右方向装好小丝杠和顶圈,用螺杆通过中心孔上的螺丝孔压紧端部绝缘板。用 8 套加长的#1 焊炬对护环进行均匀加热,温升平均速率控制在 7 ℃/min以内,当加热到 200 ℃左右,集中加热紧力面至 290 ℃左右(使温度均匀升高)。用小丝杠顶住护环,对护环均匀施加一向外的压力,使护环止口位置脱离紧力面。当护环拔出 130 mm 左右时,安装吊护环用的钢圈,用天车吊住护环缓慢、均匀、平稳地向外移动。当护环移至中间部位时,用弹性扎带绑住绝缘瓦,防止其跌落损坏。护环推出转子大轴后,止口向上垂直放置在铺有石棉布的铁板上,并用石棉布将其盖严,使其温度均匀、缓慢地下降,防止产生应力裂纹。将拆下的绝缘瓦做好标记进行保存,拔护环作业结束。拔下护环后便可确定故障点具体位置,针对具体的情况进行故障处理工作。

3)护环回装作业

① 检查中心环、护环的紧力面是否光滑,对不光滑处用细砂纸进行轻微抛光。检查中心环、护环拆前所做的标记,并严格按标记回装。将绝缘瓦按顺序装到端部并用弹性扎带绑紧,在捆绑时要打活结头,方便解开。

② 收紧环键,使环键不高于键槽。

③ 将中心环用 4 个以上的铝斜楔进行固定,使其在回装护环过程中不会发生轴向、径向位移及旋转。测量中心环与轴的距离,保证护环安装后与中心环的准确配合。

④ 用 8 套 #1 焊炬对护环均匀加热,加热时温升平均速率不超过 7 ℃/min,当温度达到310 ℃时停止加热。

⑤ 安装吊护环用的钢圈,用天车吊住护环移至转子端部,且缓慢、均匀、平稳地向内移动。在经过绝缘瓦绑扎带时,及时将绑扎带解除,直到护环移到转子的紧力面处,在护环两侧均匀一致地用游锤撞击,使护环安装到位,安装压紧端环并用长丝杠拉紧,使护环与限位处没有间隙。松开环键并检查环键在键槽内能否移动,以确定护环是否安装到位。由于护环受热膨胀的原因,20 min 左右需再次将长丝杠收紧。到此,护环回装工作结束。

(12)转子线圈故障检修

1)调相机转子绕组接地故障

① 接地故障的分类:转子绕组的接地故障,按其接地的稳定性,可分为稳定和不稳定接地;按其接地的电阻值,可分为低阻接地(金属性接地)和高阻接地(非金属性接地)。

② 接地故障的查找与处理:当调相机转子励磁回路发生一点稳定接地时,应首先测量正、负滑环的电位,判断接地点位置。当测量两滑环对轴(地)的电位为异性时,接地点位于两滑环之间的绕组内;当两滑环对轴(地)的电位为同性时,接地点位于两滑环以外的励磁回路。当接地点在绕组内时,可用以下方法进行判断处理:

a. 针对转子引线受潮引起的接地故障,采用中心孔用真空泵抽真空的方法进行处理,处理过程十分简单,且效果良好。当停运机组发生接地故障时,其原因多为转子引线受潮。首先对转子滑环及与滑环连接的导电螺钉进行清扫,清除在机组运行中堆积的杂碳粉及油污,并对转子绝缘电阻进行多次测量,观察转子的绝缘电阻有无变化,排除因滑环及滑环引线螺钉脏污引起的接地故障。如转子绝缘电阻无明显变化,则将励磁小室由调相机轴系中拆除(如自并励机组,将调相机出线端小轴拆掉),打开调相机转子出线端轴头上的中心孔密封法兰,安装调相机转子中心孔进行气密试验的专用法兰盘,将通气管道连接到真空泵上,管道上接有真空表。开启真空泵,将转子中心孔中的气体缓慢抽出,观察真空表上的真空度。当真空表压力降到 400 Pa 左右时,关停真空泵并维持压力 1~2 min。开启卸压门,将调相机中心孔内的气压恢复到常压,测量转子的绝缘电阻有无变化,如绝缘电阻有所上升,则说明抽真空的方法是有效的,继续进行抽真空的处理工作,一般进行 5 次左右,绝缘电阻即可恢复到合格范围内。如抽真空的方法无明显效果,则有可能是转子绕组内部有接地故障,应使用其他方法进行处理。

b. 针对不稳定接地的故障,可用电容冲击法进行处理。此种处理方法是当转子绕组内有异物接地时,用冲击电压产生的电动力将异物击开从而消除接地点,有较高的成功概率。即使转子绕组接地故障不是由异物引起的,也可以通过眼看、耳听的方法找到转子绕组在护环部位的故障点,而不用通过复杂的试验来判断,从而缩短了判断故障点的时间。当故障点在转子的直线部位时,可以在电容放电时用手触摸感觉电动力振动的方法进行判断,或将故障点击穿变成金属性接地,便于进一步地试验判断。

c. 针对金属性接地故障,可以用以下方法进行查找:

·直流压降法:采用直流压降法,能确定接地点在转子绕组中距滑环大概的距离。在转子绕组的两端滑环上施加直流电压后,由电压表 PV、PV1、PV2 分别测量出 U、U_1 和 U_2,根据

$$U = U_1 + U_2 = (R_V + R_g)U_1/R_V + (R_V + R_g)U_2/R_V = (U_1 + U_2)(R_V + R_g)/R_V$$

整理得

$$R_g = R_V[U/(U_1 + U_2) - 1]$$

式中:U——两滑环间的电压,V;

$\quad\quad U_1$——正滑环对轴(地)的电压,V;

$\quad\quad U_2$——负滑环对轴(地)的电压,V;

$\quad\quad R_g$——接地点的接地电阻,Ω;

$\quad\quad R_V$——电压表的内阻,Ω。

因为绕组的总电阻与其总长度成正比。测量时,流经转子绕组的电流为一定值,其电压降与相应的电阻成正比。按照电压降的比值,即可分析确定接地点的大概位置。

在使用直流压降法进行测量时,要注意以下几点:要用同内阻、同量程的电压表测量 U、U_1 和 U_2;电压表的内阻不应小于 10^5 Ω;要在滑环上直接测量电压并保证接触良好,减小测量误差。

·直流电阻比较法:直流电阻比较法与直流压降法的原理基本一样。用电桥分别测得转子绕组总电阻与正、负滑环对地电阻,其对地电阻与总电阻的比值,即为接地点的绕组长度与绕组的总长度之比。

·转子大轴通电流法:用接地点距滑环的距离来计算绕组的长度,确定接地点的位置误差较大,而用转子大轴通电流法查找接地点的轴向位置则比较准确。在转子本体

两端转轴上用抱箍压紧,通入较大的直流电流(可通入 250 A、400 A 电流分别进行试验)。此时,沿转子轴向的电位分布情况是,接地点电位为零,距接地点越远电位越高。由于转子滑环与转子绕组、接地点的电位相同,在测量时将检流计的一端接滑环,另一端接探针,将探针沿转子本体轴向移动,监视检流计的指示情况,当检流计的指示值为零(或接近于零)时,该处即为绕组接地点所在的轴向位置。

2)测量与监视匝间短路的方法

① 测量转子绕组的直流电阻

在现行《电力设备交接和预防性试验规程》(2017 年版)中规定,在交接和检修时,应对转子绕组的直流电阻进行测试(冷态下),并与原始数据比较,其变化应不超过2%。在直流电阻测量准确的条件下,当绕组短路匝数超过总匝数的 2% 时,直流电阻减小的数值才能超过规定值。例如,调相机转子绕组总匝数为 176 匝,当有 4 匝线圈短路时,才能反应出直流电阻超标,这种情况只有在匝间短路较严重时,才能作为判断依据,且在实际测量中存在一定的测量误差。因此,比较直流电阻法的灵敏度较低,不能作为判断匝间短路的主要方法,只能作为综合判断时考虑的因素之一。

② 测量调相机的空载、短路特性曲线

当转子绕组发生匝间短路时,其三相稳定的空载特性曲线与未短路前的比较会下降,短路特性曲线的斜率减小。由于测量精度的限制,只有在转子绕组短路较多时,才能在空载和短路特性曲线上反映出来。所以,这种方法也只能作为综合判断时考虑的因素之一。

③ 测量转子绕组的交流阻抗和功率损耗

测量转子绕组的交流阻抗和功率损耗,与原始(或前次)的测量值进行比较,是判断转子绕组有无匝间短路比较灵敏的方法之一。当绕组中发生匝间短路时,在交流电压下流经短路线匝中的短路电流比正常线匝中的电流大几倍,有强烈的去磁作用,并会导致绕组交流阻抗大大下降,功率损耗明显增加。在比较交流阻抗和功率损耗的变化时,还要考虑各种因素对绕组的影响,才能做出正确的判断。影响因素主要有以下几点:

a. 膛内、膛外的影响。转子处于膛外时,其交流阻抗主要取决于试验电压及其频率、转子本体和绕组尺寸,其功率损耗在相应的电阻中,只包含转子本体铁损的等效电阻和绕组铜损的电阻,因此,转子在膛外的交流阻抗和功率损耗较膛内小。

b. 动态、静态的影响。在恒定交流电压下,转子绕组的阻抗和功率损耗均随转速变化而变化。当转速升高时,转子绕组交流阻抗降低,功率损耗增加。因为当转子旋转时,随着转速的升高,槽楔和线圈的离心力增大,使得槽楔与转子齿的接触更加紧密,转子受到的阻尼作用增强,去磁效应增强,导致绕组的阻抗减小、功率损耗增加。

c. 护环和槽楔的影响。转子本体是否安装护环和槽楔,对转子绕组的阻抗和功率损耗影响比较大。主要原因如下:当转子一端装上护环时,端部线圈的交变磁通在护环上产生涡流去磁效应,但去磁效应不强,阻抗下降较少;当转子两端的护环装上后,便构成了沿轴向和两端圆周的电流闭合回路,增强了涡流去磁效应,因而阻抗明显下降;当转子装上槽楔后,转子线槽被槽楔填充,增大了转子表面的涡流去磁效应,也使阻抗明显下降。

d. 转子本体剩磁的影响。转子本体的剩磁会使其阻抗减小。因为在测量转子绕组的交流阻抗时,在转子本体的槽齿中不仅有交变磁通,而且有剩磁的恒定磁通,当两者同向时起助磁作用,当两者反向时起去磁作用。因此,在相同电压下,有剩磁比无剩磁时阻抗小。

④ 测量转子的交流阻抗和功率损耗的注意事项

a. 为了避免相电压中含有谐波分量的影响,应采用线电压进行测量,并在测试时同时测量电源频率。

b. 试验电压不允许超过转子绕组的额定电压,并且在测试时要将励磁回路断开。

c. 在定子膛内测量转子阻抗时,定子绕组上有感应电压存在,必须将定子绕组与外电路断开。

d. 当转子绕组存在一点接地时,一定要用隔离变压器进行加压,并在转轴上安装接地线。

（13）转子磁化的退磁

1）退磁作业前的准备

① 有能够提供退磁要求的直流电源。若无备用励磁机,电源采用自动励磁调节器的硅整流装置。

② 有能够进行电流调节及可更换极性的电源配电盘。

③ 在两端轴颈各缠绕线圈 500 匝（线圈采用多股铝芯橡皮线,导线截面积为 35 mm^2）;两端轴颈处线圈绕向必须相反,如励磁机侧为逆时针绕向,则盘车侧为顺时针绕向,这样加电流时会使退磁极性与剩磁极性相反;缠绕的退磁线圈要求留出 50 mm 的间隙用来安装高斯计探头;在轴颈缠绕退磁线圈前,必须裹好白布加以保护,防止轴颈磨损受伤。

2）退磁作业

① 按照接线图将退磁线圈连接到直流电源上。退磁电源盘接线图如图 1-1 所示。

② 合上 K$_1$ 开关,将直流电源的输出电压调至最小位置,核对极性和测量电压是否正确。

③ 合上 K$_2$、K$_3$、K$_5$ 开关（K$_5$ 开关合到"正"的一侧）,观察 30 A 直流表Ⓐ有无电流指示。

④ 逐步调整可调电阻器至电阻最小位置后,合上开关 K$_4$。

⑤ 调整直流电源使电流增至 +100 A,记录线圈磁密及极性。

⑥ 调整直流电源,使电流降至最小值;断开 K$_4$ 开关,调整可调电阻器使电阻到最大值位置,使电流调至零值;断开 K$_2$、K$_3$ 开关,并记录线圈磁密及极性。

⑦ 将双投开关 K$_5$ 投向"负"的一侧。合上 K$_2$、K$_3$ 及 K$_4$ 开关,调整直流电源使电流增至 -90 A,并记录磁密及极性。

⑧ 根据电流 +100 A→0→-90 A→0→+80 A→0→-70 A 重复②~⑦步骤。

⑨ 电流在 30 A 以下时,由直流电源或可调电阻器调节电流,直到外加电流为零,磁密接近零值,此时退磁作业结束。

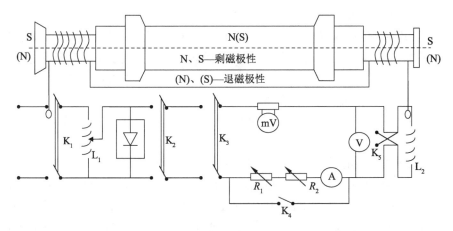

K₁—电源开关;K₂—单相刀闸;K₃—空气开关(150 A);K₄—短路刀闸(150 A);K₅—
双向刀闸(150 A);L₁、L₂—可调线圈、转子线圈;S—自动励磁调节器的硅整流装置;
R₁、R₂—可调电阻器 8 Ω、20 Ω;Ⓐ—30 A 电流表;ⓜⓥ—100 A/60 mV 分流器及表头

图1-1　退磁电源盘接线图

（14）定子线棒的更换

当定子线棒发生损伤及短路故障时,必须进行更换。当上层线棒损坏时,只须更换损坏的线棒;当下层线棒损坏时,必须取出一个节距的上层线棒,才能将损坏的下层线棒取出。

线棒更换的工艺标准如下:

① 拆除所要更换线棒的调相机两端鼻端绝缘盒。由熟悉线棒端部结构的专业人员进行端部绝缘盒的拆除工作,防止在拆除作业中伤及其他部位。在进行绝缘盒内环氧云母填料的清除工作时,应注意保护定子线棒空心铜线不得有任何损伤(若可以对环氧云母填料进行加热,则尽量采取加热的方法,使环氧云母填料受热变酥,易于清除。在加热过程中,要注意加热的温度保持在 250 ℃左右,温度过高,则有可能影响到其他线棒;温度过低,则对环氧云母材料起不到变酥的效果。在进行加热时,必须采用电热板加热,杜绝使用明火进行加热)。尽量将电路及水路接头处的绝缘物清理干净,保证焊接工作的顺利进行。

② 将所要更换线棒的调相机两侧电路及水路焊开。在焊接作业前,必须用浸湿的石棉布将所要焊接线棒的四周填好,确保周围无缝隙,且不需要更换的线棒无裸露在外的部分,保护好周围的线棒绝缘。用小号气焊枪对电路的实心导线进行加热,当加热点的温度达到焊接处焊料的熔化温度时,用改锥将实心导线撬开,由于实心导线在空心导线两侧由多股一层一层地焊接在一起,所以在焊开的过程中要注意撬开的距离,给下一层留下空间。实心导线焊开后,将水路的三通水接头焊开,焊开的两水接头冷却后,及时用白布或胶布对管口进行封闭,防止有异物进入水路内。

③ 清除所要更换线棒的调相机两端的鼻端大绑绳及端部小绑绳。用锯弓将鼻端的大绑绳锯断,所锯的位置在不伤及线棒的前提下,尽量靠近不更换的线棒。用锯片刀铲除两端端部的小绑绳,并尽量将小绑绳从绑扎部位去除干净。作业时,用吸尘器及时

将杂物清理干净。作业过程中,必须保证线棒主绝缘不被损伤。

④ 拆除端头槽楔及橡胶挡风块。用锯片刀铲断所要更换线棒两端的端头槽楔绑绳,退出端头槽楔,取下橡胶挡风块。在铲断绑绳时,不得损伤定子线圈主绝缘。

⑤ 退出所要更换线棒的定子槽楔。用 25 mm 厚的环氧玻璃布板加工的专用工具进行敲击,使所敲击的槽楔松动,取出槽楔下的波纹垫条(斜楔),退出槽楔。在敲击过程中,用力要均匀,用手锤敲击专用工具时必须准确,禁止击打到定子铁芯的矽钢片上。

⑥ 拆除所要更换的线棒。用 φ20 的涤玻绳将线棒出槽口处扎紧,以结实的木棍为用力工具,两人均匀用力抬动线棒,适当挪动端部,当槽口处抬起后垫入木块,用胶皮锤进行敲击,使线棒在振动作用下由槽内逐渐退出。禁止在抬线棒过程中使用蛮力,防止线棒断裂在槽内。线棒退出槽后,由 4~5 人均匀用力抬起并由定子腔内移到外部,在移动过程中防止碰到定子。线棒抬出后,用吸尘器对槽部进行彻底清理,并在下层线棒表面及铁芯表面、槽内喷低阻防晕漆,晾干。

⑦ 线棒下线。下线前检查匝间填料是否均匀无突起,测温电阻放置是否合适。由 4~5 人将线棒均匀用力抬入定子腔内,并均匀放入槽内,垫入半导体垫片,使之填满线棒与槽壁之间的空隙,在铁芯的扩槽处打入对头斜楔,使线棒与槽壁(顺转向一侧)接触紧密。下线时注意调整线棒两端串动,保证中心串动小于 2.5 mm。

⑧ 端部绑扎。涤纶毡用环氧胶浸泡后与层间垫块配合使用,对线棒位置进行固定,用 φ5 的涤玻绳进行绑扎。绑扎前,将 φ5 的涤玻绳放入配制好的环氧胶(环氧胶配方为环氧固化剂 650:环氧树脂 6101:溶剂 = 1:1:2)中浸透后使用,绑扎方法见调相机定子端部结构图。

⑨ 安装定子槽楔。在打入槽楔时,在槽楔下垫 2~3 层环氧玻璃布板,并调整其厚度适当,要求以垫入波纹板后(或打入斜楔后)槽楔紧度符合要求为标准。所有槽楔安装完毕后,进行总体检查,其紧量应符合质量标准要求。

⑩ 安装槽口定位块及端头槽楔。将绑绳及涤纶毡放入配制好的胶中浸透,装端头槽楔,绑扎。

⑪ 焊电路,焊水路(三通接头)。因下层线棒仍使用旧线棒,端部实心线线头形状较不规整,焊电路时应注意先将实心线整形后施焊,确保后序工作中绝缘盒能顺利套装。

⑫ 定子水路超声波流量试验。按 JB/T 6228—2005《汽轮发电机绕组内部水系统检验方法及评定》中的 5.4 项之规定验收。

⑬ 定子水路全台水压试验,在 0.75 MPa 压力下持续 8 h 后应无渗漏现象。

⑭ 套装两端绝缘盒。

⑮ 两端鼻端大绑、晾干。

⑯ 定子全台的电气试验。

⑰ 直流耐压试验及泄漏电流、交流工频耐压试验。

(15)定子铁芯部分损伤的处理

① 调相机定子铁芯因烧、碰、磨等原因造成局部损坏时,应进行适当处理,处理前

应进行铁芯发热试验,结合外表检查,确定损坏和应修的范围。

② 清除故障处铁芯熔渣,用凿或砂轮铲除无用的坏硅钢片,清理毛刺,或用32%的硝酸溶液清除毛刺,尽量不使其片间短路。

③ 用专用工具将硅钢片一片片撬开,在中间涂上1161硅钢片漆,再塞上0.05 mm厚天然云母片,直至发热损坏部分全部处理完毕。

④ 处理过程中应将通风孔的槽楔缝隙堵好,防止铁屑和硝酸溶液进入。处理完毕后用蒸馏水或酒精清洗,用石蕊试纸试验不呈酸性,再用清洁干燥的压缩空气吹扫干净。

⑤ 如损坏面积较大,处理后需锒假铁芯时,应按以下工艺进行:

用胶木板、环氧树脂板或用0.3~0.5 mm的黄铜片粘合做成假铁芯。因黄铜片不导磁,其内阻大、散热性能好,以它做成假铁芯最佳。黄铜假铁芯的制作方法:先将黄铜片经三氯化铁加浓硝酸配制而成的溶液酸洗,然后将环氧树脂和增塑剂搅拌均匀,加热到120~130 ℃时加入硬化剂,温度调至115 ℃左右,将环氧树脂刷在预先加热的黄铜片和无碱玻璃丝布上,一层铜片加一层玻璃丝布,直至达到所需厚度,再用压板压合后放在烘箱内高温固化,温度调至120 ℃保温6 h,再升至160 ℃保温4 h后让其自然降温到室温。

环氧树脂配方(质量比):6101环氧树脂100%;邻苯二甲酸酐(硬化剂)35%;邻苯二甲酸二丁脂(增塑剂)20%。

用牙医打样膏的方法进行实样托模,按样模将压合的假铁芯修正成型,试装吻合后再用常温固化环氧树脂,将其粘合于铁芯上。

环氧树脂配方(质量比):6101环氧树脂100%;邻苯二甲酸二丁脂(增塑剂)20%;乙二胺(固化剂)8%;云母粉(填料)适量。

将假铁芯锒好后,进行全面检查,清理后进行发热试验,直至合格。

(16) 调相机的干燥

调相机由于长期停运,或因外界影响,或因本身漏水而造成绝缘性下降,当绝缘性低于规定值或更换了新线棒后,要对调相机进行干燥。

1) 判定调相机是否需要进行干燥的标准

① 当定子温度为15~30 ℃时,所测得每相对机壳及与机壳相连的其他两相之间的绝缘电阻吸收比 $R_{60 s}/R_{15 s}<1.6$ 时,必须进行干燥。

② 在接近绕组运行温度时,所测得的每相对机壳及与机壳相连的其他两相之间的绝缘电阻小于定子电压每千伏1 MΩ时,必须进行干燥。

③ 调相机转子绕组绝缘电阻用500 V摇表测量低于0.5 MΩ,并查明不是由其他原因引起的绝缘电阻降低时,要进行干燥。

2) 调相机进行干燥时,应做好必要的保温和现场安全措施

① 如果现场温度较低,可以用帆布将调相机罩起来,必要时还可以用热风或无明火的电热装置提高周围空气的温度。

② 现场应备有3~5瓶二氧化碳灭火器,并清除现场的易燃物件。

③ 干燥时所用导线的绝缘应完整良好,应避免高温烙坏导线绝缘。

④ 干燥时派专人值班,每班不得少于2人,严格监视和控制干燥温度。

3）调相机的干燥方法

调相机的干燥方法主要有定子铁损干燥法、直流电源加热法和热水干燥法。

① 在转子不插入定子的情况下，可单独对定子进行干燥，其方法如下：

a. 用专用蓬布将汽励两端的端盖处盖严密，拆开汽端的上人孔门，并在该门上安装一台轴流风机，再拆开出线罩的上人孔门，并在该门上接入热风机、热风箱。

b. 将引线绝缘引水管和瓷套用石棉布遮盖。

c. 开启定子水泵使线圈和出线部分的压力和流量保持正常运行时的数值，将压力不超过 0.5 MPa 且温度不超过 120 ℃ 的蒸汽通入定子水泵出口母管的取样排污门，对内冷水缓慢加热，温度在 40 ℃ 以下时，每小时温升不超过 5 ℃，预热至 55 ℃ 以后，每小时温升不超过 8 ℃，将内冷水加热至 70 ℃，升温时间不少于 12 h（在集控室调相机定子出水巡视仪上观测）。在机本体外壳温度计上观测机内空气温度，定子水泵进出水温度不超过 70 ℃。

d. 开启热风和轴流风机，使机内的潮湿空气逸出机外。

e. 将定子绝缘干燥到合格为止。

② 在转子插入定子且调相机工作全部结束，对定子和转子进行整体干燥时，其方法如下：

a. 与定子单独干燥时的方法、步骤、要求相同。

b. 投入润滑油、顶轴油系统，调相机在盘车状态下运行，这样可以将机内热风搅拌均匀，使定、转子各部分都得到干燥的机会。

c. 将定子绝缘干燥到合格为止。

③ 如果定子绝缘表面受潮，必要时也可在调相机转动的情况下，关闭空气冷却器的进水门，停止定子水泵，在调相机不升压的情况下利用空气摩擦发热干燥；如果定子绝缘受潮较严重，应将调相机出线短路，缓慢升至发电机的额定电流，即用调相机不并网的短路电流干燥。

④ 如果调相机转子绝缘受潮，可给转子绕组通以低压直流至额定值的 50% 左右，转子在盘车运转状态下，对定子内冷水通以蒸汽加热，再在人孔门装上热风机和离心风机，其方法与②所述相同，以使转子绝缘尽快达到规定的标准为止。

⑤ 干燥应达到的标准：

a. 当加热温度不变，定子绝缘电阻升高且保持 3~5 h 不变，吸收比达到 1.6 以上时，用 2500 V 兆欧表测定定子绝缘电阻。

b. 当定子绕组在 70 ℃ 时，定子绝缘电阻应大于每千伏工作电压 1 MΩ。

c. 转子绝缘电阻在温升后经 3 h 不变，用 500 V 兆欧表测定不小于 0.5 MΩ。

⑥ 干燥时的注意事项：

a. 干燥开始后，温度在 40 ℃ 以下时，每小时温升不超过 5 ℃，预热到 55 ℃ 以后，每小时温升不超过 8 ℃，时间不短于 12 h。内冷水出水温度不超过 70 ℃。

b. 在干燥过程中，线圈表面温度不得超过 85 ℃，铁芯温度不得超过 90 ℃。

c. 测定绝缘时应断开电源。

d. 往定子内冷水通蒸汽加热的管子，应使用不锈钢管或经清理内壁的铁管，并加过渡网,禁止使用橡胶管。

(17) 抽、穿转子工作

1) 抽、穿转子的准备工作

① 工具材料的准备。调相机抽转子专用工具应严格检查,必要时要做金属探伤和拉力试验,确保起吊安全,并将所有需要的工具,如滚杠、滑块、托架、钢丝绳、电动葫芦等提前吊运到工作现场。

② 抽转子之前应向领导报告。

③ 参加抽转子的人员分工必须明确,工作中应各负其责,精力集中。

④ 参加作业人员应事先学习抽、穿转子注意事项,明确工艺程序及工作中可能出现的问题。

⑤ 转子停运时,应保证转子大齿在垂直位置,如不在垂直位置,应手动盘车调整。

2) 抽、穿转子工作的注意事项

① 转子起吊时,轴径、大小护环、水箱等处不得作为受力点,并注意钢丝绳不得与转子风扇、滑环、轴径触碰及摩擦。

② 转子起吊中,各钢丝绳着力点应垫胶皮或橡胶石棉板,并将钢丝绳着力面用抹布缠绕加以保护。

③ 在起吊转子(单侧起吊转子或吊转子重心)时要缓慢操作,密切注意定、转子间隙,防止定、转子各部位碰撞。

④ 抽转子时,当非出线侧盘车齿轮接近#1 瓦座圈时,仔细观察齿轮边缘与瓦座圈的下部及左右间隙,间隙大于 5 mm 方可继续行走。

⑤ 当非出线侧转子风扇叶片接近定子膛边缘时,风扇叶片与定子膛间隙目测大于10 mm 方可继续行走。

⑥ 抽转子过程中,进入定子膛人员应掏出随身物品(钥匙、硬币、纽扣等),并穿上专用工作服、工作鞋,避免金属物品落入定子膛内。

⑦ 全部工作组人员必须服从工作负责人(即行车指挥)的统一指挥,并且在任何部位的人员发现异常都要及时汇报给负责人。

⑧ 抽转子前行车指挥应对行车司机交代各种工作环节及起吊要求,行车司机必须听从指挥,协调配合。

⑨ 调相机盘车、集电环装置、转子进水支座和甩水盒、调相机内外端盖在抽、穿转子工作前应拆除,两侧轴承应同步进行拆除。

3) 抽、穿转子工序

① 拆除调相机#1、#2 轴瓦的上瓦盖、上瓦及轴承座地脚螺丝。

② 测量定、转子气隙并做好记录。用专用测量工具从调相机两端沿水平与垂直方向取四点进行测量,并做好修前记录,测量数值为:[(最大值-最小值)/平均值]×100%。如测量值大于 10%,应汇报大修负责人及有关领导。修后测量数值必须合格,应不大于 10%。

③ 用吊车大钩吊起出线端转子,用小钩翻出下瓦、瓦枕。

④ 用小钩吊起出线端轴承座,撤出垫片,加入滚杠,把瓦座移至合适的位置。

⑤ 用专用垫块把转子垫好,落下吊车,将出线端轴承座吊开。

⑥ 用大钩吊起转子,撤去垫块,将专用胶皮、护板装入定子腔内摆正。

⑦ 将转子垫好,落下吊车,将出线端轴承座吊回(底部加滚丝),装好瓦枕及下瓦,撤去垫块后落下转子,将上瓦、瓦盖回装并紧好。在轴肩处装上抽转子护套,挂好电动葫芦,将其另一侧连接至地锚,并接好电动葫芦电源。

⑧ 用行车大钩吊起转子,用小钩翻出下非出线端轴承瓦及瓦枕。

⑨ 装好轴颈托架,将转子外移至合适位置,将轴径托架下翻并找正固定好。

⑩ 出线端转子大护环移出定子槽口合适的位置,装入定子腔内专用滑块,滑块位置距非出线侧大护环 100~200 mm,落下吊车。非出线侧安排专人监测定、转子气隙。

⑪ 启动出线端电动葫芦开始抽转子,同时转子两侧安排专人监测气隙,以防发生碰撞。

⑫ 指挥电动葫芦使转子向出线端移动,同时指挥吊车协调向出线侧移动。

⑬ 当转子中心移出定子腔后,可以将腔内滑块拉出,用轴径托架支撑转子至非出线侧大护环移出定子腔。

⑭ 起吊转子时找出转子中心,然后在转子本体加装保护胶皮,用专用钢丝绳绕转子一圈,在转子中心两侧试吊,用水平尺测试转子水平状态。

⑮ 转子水平调整好以后,拆除电动葫芦,转子向出线端平移,转子两侧各有数人扶住轴头。

⑯ 转子抽出后,放到专用方木上,拆除出线端轴瓦及轴承座,将转子吊至专用检修支架。转子用帆布包好,抽转子工作全部结束。

注意:穿转子工艺,是将以上工序逆序实施。

1.2 调相机轴承检修

1.2.1 设备概况

① 调相机的转子采用两轴瓦支撑方式,非出线端、出线端各装有一个座式轴承,轴瓦采用稳定性较好的椭圆瓦,并配有高压顶轴油模块,能够在启停机时顶起转子,减少摩擦阻力。为满足本型调相机对转子轴向自由窜动的限位要求,在轴承结构设计中,非出线端采用径向推力轴承,出线端采用径向轴承。

② 座式轴承主要由端盖、轴承座、轴瓦、球面座及高压顶轴油模块等零部件组成,并配有座振、轴振测量接口及瓦温、油温测量元件。座式轴承进、出油接口为双侧布置,现场可根据油管路情况任选一侧接入,另一侧用盖板封好。高压顶轴油模块的安装也可以根据现场实际需要任选一侧安装。

③ 交流润滑泵出口压力为 0.55 MPa,到轴承压力为 0.08~0.12 MPa,进油管为 $\phi89\times6$,回油管为 $\phi168\times5$,非出线端轴承进油量为 460 L/min,出线端轴承进油量为 360 L/min。转子交流顶轴油泵出口压力为 12 MPa,进油管为 $\phi22\times3$,到轴承压力根据转子顶起高度 0.06~0.08 mm 设定。轴承室内各有两根排烟管连接至排烟风机,维持负压-2 kPa。

1.2.2　检修周期及检修项目

（1）检修周期

① 大修每 5~8 年进行一次。

② 小修每年进行一次。

（2）检修项目

① 轴瓦宏观检查、金属检验。

② 推力瓦间隙测量，轴瓦钨金、轴承（垫铁）接触点检查、修刮。

③ 轴瓦与轴颈的间隙、轴瓦与压盖的紧力测量及调整。

④ 测量、修刮油挡齿并调整油挡间隙，必要时更换新油挡齿。

⑤ 检查轴承垫铁与轴承座接触情况，不合格的进行研磨。

⑥ 轴承箱的宏观检查，清理各轴承室。

⑦ 转子顶起高度测量、调整。

⑧ 热控元件的更换或检查。

1.2.3　检修准备工作

① 工作准备：办理系统工作票，工作人员学习危险点分析及预防控制措施。

② 备件及耗材准备：耐油石棉垫、0.5 mm 和 1 mm 铅丝、1596 密封胶、红丹粉、粗砂纸、金相砂纸、机油精、破布、丝绸布、塑料布、酒精、记号笔、面粉等。

③ 工器具准备：钢丝绳（2 t 和 5 t）、吊环、卡环、倒链（3 t 和 5 t）、铜棒、大锤、内六角扳手、梅花扳手、一字螺丝刀、S115 和 S85 敲击扳手、12 寸活扳手、扁铲、样冲、剪刀、三棱刮刀、塞尺、0~25 mm 外径千分尺、百分表、划轨、1 m 钢板尺等。

1.2.4　检修工艺要求

（1）轴瓦解体（出线端）

① 用塞尺塞轴承结合面、两侧油挡间隙（同侧前后间隙偏差≤0.05 mm，左右不大于 0.10 mm）并记录后，拉出轴承座上立销，拆除水平结合面螺栓及所有部件（油、烟管道及测温、测压、测振表等），调出轴承上盖。

② 在上球枕平整面处添加 1 mm 铅丝，在轴承座结合面两侧加垫片 0.50 mm 后回装上轴承座。用两侧垫片厚度值减铅丝厚度可得上球枕紧力（紧力 0.03~0.05 mm）。

③ 拆除球枕水平连接螺栓，拔出销子，做好记号后，吊出上球枕放置在指定位置遮盖保存。

④ 在上瓦平整处添加 1 mm 铅丝，在下球枕平面两侧加垫片 0.50 mm 后回装上球枕。用两侧垫片厚度值减去铅丝厚度可得上瓦紧力（紧力 0.03~0.05 mm）。

⑤ 用塞尺测量轴瓦内油挡间隙并记录后，拆除内油挡、顶轴油管。

⑥ 用塞尺测量轴瓦上、左、右方位间隙并记录（数值：两侧≥0.40 mm，顶部≤0.83 mm）。

⑦ 拆除轴瓦水平结合面螺栓，取出定位销并做好记号后，吊出上瓦至指定位置遮

盖保存。

注意：非出线端轴承无法测量轴瓦上、左、右方位间隙，但需要在轴及轴瓦加百分表推动转子测量推力间隙(6 mm，径向错位值≤0.05 mm)或直接测量两侧间隙后相加。

（2）轴瓦检查

① 检查轴瓦合金表面工作痕迹所占位置和表面状况，用手按压轴承合金边缘，检查轴承合金与瓦衬体结合面有无油或气泡挤出。

② 轴承合金表面应光滑无脱胎，无碎落、裂纹、腐蚀、过热和异常磨损等现象，必要时通过金相组织探伤，或着色探伤、射线探伤。

③ 检查轴颈与下瓦接触是否均匀，接触角应为 60°，点滴接触。

④ 检查球铁应无毛刺及硬伤，接触面积应在 70%以上。

⑤ 轴瓦的垫铁螺丝应无松动，垫铁接触面积应在 70%以上。

⑥ 检查非出线端推力瓦面钨金应光滑、完整，无裂纹、脱胎、脱落、磨损、电腐蚀痕迹和过载发白、过热熔化或其他机械损伤。

（3）轴瓦修正

① 修刮轴瓦与轴颈部分的刮花纹，如已磨亮，可用三棱刮刀在轴瓦钨金表面交叉轻微修刮。

② 检查顶轴油口间隙应符合标准，且油口畅通无堵塞。

③ 检查修正内外油挡间隙。外油挡为浮动式油挡，主要靠机械加工达到各部要求。如果左右间隙合适，但上下间隙过大，可刮结合面处理；如果左右间隙超标或浮动油挡内胎脱落，就要更换。内油挡可通过捻打铜齿、延伸铜齿高度，缩小其间隙，如果上下间隙过大，也可以通过研磨水平结合面减小间隙。如间隙无法调整，应重新更换铜齿。

④ 底部垫铁在没有放转子前应有 0.03~0.05 mm 的间隙，放入转子后 0.03 mm 塞尺塞不进。

⑤ 轴瓦或轴颈磨损严重时，轴瓦需返厂重新浇铸钨金，车削标准尺寸；轴颈返厂补焊后车削标准尺寸。

（4）轴瓦修后数据

① 轴承检修完毕后按照拆卸之前的测量方法进行测量。主要数据：轴瓦间隙(上、下、左、右)、轴瓦紧力、球枕紧力、轴瓦水平结合面 0.05 mm 塞尺测量、球枕水平结合面 0.05 mm 塞尺测量、轴瓦内挡间隙、轴承外油挡间隙、轴承座水平结合面 0.05 mm 塞尺测量、推力间隙(非出线端轴承)、进油口节流孔板眼测量。

② 轴承各部件按原来拆卸标记复装。轴承室内部用面团粘干净，各部件用丝绸蘸酒精擦拭干净。

③ 油管等连接后，轴承座对地绝缘电阻值应符合制造厂要求，用 1000 V 兆欧表测量，绝缘电阻应大于 0.5 MΩ。

④ 涉及调相机磁力中心需对轴瓦垫片进行调整时，根据基础台板初始安装值 906 mm 进行调整。

1.3　调相机盘车检修

1.3.1　设备概况

盘车装置技术参数见表 1-5。

表 1-5　盘车装置技术参数

序号	项目	单位	参数
1	产品型号		KY-PC-30
2	电机功率	kW	15
3	盘车转速	r/min	4
4	产品编号		PC171208
5	生产日期		2017.12.23
6	生产厂家		上海科亚电站备件有限公司

1.3.2　检修周期及检修项目

（1）检修周期

① 大修每 5~8 年进行一次。

② 小修每年进行一次。

（2）检修项目

① 电机解体。

② 检查大小齿螺旋杆啮合配合情况，做必要修整。

③ 检查启动、脱扣机构。

④ 检查各部位是否有裂纹、损坏，蜗杆、蜗轮及齿轮是否有偏磨现象，并调整其间隙。

⑤ 清理检查滚动轴承，必要时更换。

⑥ 安装盘车电机，对轮找正。

1.3.3　检修准备工作

① 工作准备：办理系统工作票，工作人员学习危险点分析及预防控制措施。

② 备件及耗材准备：轴承、对轮螺栓、抗圈、油挡环、齿轮、耐油石棉垫、白布、擦布、塑料布、密封胶、面粉、生料带等。

③ 工器具准备：钢丝绳、吊环、紫铜棒、内六角扳手、锉刀、剪刀、样冲、手锤、内径千分尺（0~750 mm）、百分表等。

1.3.4 检修工艺要求

① 测量盘车内侧油挡间隙,记录后拆卸内侧油挡端盖。

② 测量盘车内档端面至轴各点垂直距离并记录。

③ 拆卸盘车底部螺栓,用行车整体调走盘车装置至检修场地,底部垫片按原来位置分别包扎存放。

④ 拆卸盘车电机与主轴靠背轮螺栓,检查联轴器中心。

⑤ 检查内部主轴蜗杆齿和从动轴大小齿轮磨损情况,如损坏严重,应进行更换。

⑥ 检查主、从轴两侧油隙是否正常。

⑦ 检查喷车摇杆控制气门活塞应活络不卡涩,对应内部啮合齿轮在从动轴上活动自如,无卡涩现象。

⑧ 检查各油管路是否畅通,接头有无开裂、渗油现象。

⑨ 按阶梯程序逆序复装各部件。

⑩ 复装后,检查各转动部件和摆动部件是否活动自如,无卡涩。

⑪ 电机与盘车装置找中心。中心偏差:外圆≤0.08 mm,平面≤0.06 mm。

⑫ 先试电机转向,再将联轴器螺栓、抗圈全部更换。

1.4 气体冷却器检修

1.4.1 设备概况

气体冷却器技术参数见表 1-6。

表 1-6 气体冷却器技术参数

序号	项目	单位	参数
1	产品型号		KCWQ850-B/A
2	出品号		2017330266
3	换热容量	kW	850
4	进水温度	℃	≤38
5	出风温度	℃	≤45
6	风量	m^3/s	18.5
7	工作水压	MPa	0.2
8	冷却水量	m^3/s	110
9	水压降	MPa	0.05
10	质量	kg	2750
11	风压降	Pa	500
12	生产厂家		上海源盛机械电气制造有限公司
13	出厂日期		2017.3

1.4.2　检修周期及检修项目

（1）检修周期

① 大修每 5~8 年进行一次。

② 小修每年进行一次。

③ 设备运行状态异常时，立即检修。

（2）检修项目

① 检查冷却水入口管和出口管、排气管、排水管有无振动、碰磨、渗漏。

② 对气体冷却器冷却管侧、气体侧用高压水清洗。

③ 进行气体冷却器水压试验。

1.4.3　检修准备工作

① 工作准备：办理相关工作票，工作人员学习危险点分析及预防控制措施。

② 备件及耗材准备：塑料布、生料带、白布、擦布、毛刷、熟胶皮、聚四氟乙烯板等。

③ 工器具准备：打水压设备、剪刀、样冲、记号笔、扳手、钢丝绳、吊环、吊鼻、撬棍、胶管、剪刀等。

1.4.4　检修工艺要求

① 将气体冷却器进、回水外冷水管做好标记后，拆卸水管道法兰螺栓，将短管取下，并将各管口包扎好。

② 拆卸冷却器排气管道，管口封堵好。

③ 拆卸冷却器底座法兰螺栓及垫片，螺栓分类包扎存放。

④ 安装专用吊鼻，用行车将气体冷却器吊至检修场地。

⑤ 通知化验人员进行化验取样。

⑥ 先用毛刷逐根进行清刷，再用高压清洗机清洗冷却器管束和空气侧管束，清理出设备本色。

⑦ 各出水口使用对应堵板将水侧法兰封堵后接打水压设备，进行 1.25 倍工作压力查漏，若发生泄漏，可用紫铜堵进行两侧管束封堵。

⑧ 待空气侧风干后恢复冷却器，注意检查底座密封件是否需要更换。

1.5　转子进、出水支座检修

1.5.1　设备概况

调相机运行时，转子冷却水由静止的进水支座进入转子，通过转子绕组后经出水箱甩出至出水支座，出水支座回收后，经排水孔回到水系统循环利用。

进水支座由支架、盘根室、进水短接、冷却水管等组成。

出水支座包括支座本体、两侧盖板及本体与盖板间的密封圈，本体内衬不锈钢板可防锈蚀。盖板为铸铝件,用于密封转子出水。密封圈为橡胶件,每次拆装后需要换新。

1.5.2　检修周期及检修项目

（1）检修周期

① 大修每 5~8 年进行一次。

② 小修每年进行一次。

③ 进、出水支座发生缺陷时,立即检修。

（2）检修项目

① 检查盘根室盘根,必要时进行更换。

② 转子进水支座找中心。（转子进水管跳动 $\leqslant 0.05$ mm）

③ 拆前甩水盒与转子间隙测量。

④ 甩水盒解体、更换密封件、内部清扫。

⑤ 进水支座、甩水盒对地绝缘电阻测量。

1.5.3　检修准备工作

① 工作准备:办理相关系统工作票,工作人员学习危险点分析及预防控制措施。

② 备件及耗材准备:盘根、密封件、垫片、密封胶、擦布、白布、酒精、金相砂纸等。

③ 工器具准备:百分表、塞尺、梅花扳手、0~25 mm 外径千分尺、螺丝刀、吊带、吊环、吊鼻、手锤、剪刀、敲击扳手等。

1.5.4　检修工艺要求

① 拆除转子进水支座连接管道及短接法兰螺栓,检查进水膨胀节是否完好。

② 拆除转子进水支座盘根室冷却水胶管,检查密封件是否完好,必要时更换。

③ 拆除进水支座护罩,用塞尺测量进水短节与盘根室中心。垂直方向与管道中心偏差应 $\leqslant 0.05$ mm。

④ 用 1000 V 兆欧表测量转子进水支座对地绝缘电阻应不小于 1 MΩ。

⑤ 拆卸转子进水支座地脚螺栓,整体移出支座、底部垫片并做好标记,妥善存放。

⑥ 检查盘根室内盘根磨损情况,必要时更换新盘根。清理各部件后复装。

⑦ 用塞尺测量转子甩水盒接触密封与转轴间隙,做好记录后将其拆除,继续测量挡盖与转轴径向间隙,检查甩水盒与转子中心。

⑧ 拆除甩水盒中分面连接螺栓、两侧回水管道短接法兰螺栓,拆卸两侧回水短接,用行车吊出甩水盒上盖后拆卸底座法兰,用行车将底座吊出,将底部垫片做好记号后妥善保存。

⑨ 检查甩水盒内部腐蚀情况及密封面有无损坏等,清理各部件后逆序进行复装。

第 2 章 定、转子冷却水系统检修规程

2.1 定、转子水泵检修

2.1.1 设备概况

每套定、转子冷却水系统中装有两台并联的不锈钢离心式水泵,两台水泵互为备用,每台水泵可承担调相机 100% 负荷所需的冷却水流量。每台泵的出口处均装有截止止回阀。两台水泵具有联动功能,即一台水泵退出运行时,备用水泵能立即自动启动,电气联锁由启动控制柜控制或通过远程控制实现。

定、转子水泵参数见表 2-1。

表 2-1 定、转子水泵参数

序号	项目	单位	参数
1	型号		CL10171
	流量	m^3/h	65
	额定扬程	m	70
	转速	r/min	2900
	数量	台	2
	厂家		ALLWEILER
	出厂日期		2017 年 6 月
2	型号		CL10171
	流量	m^3/h	45
	额定扬程	m	70
	转速	r/min	2900
	数量	台	2
	厂家		ALLWEILER
	出厂日期		2017 年 8 月

2.1.2　检修周期及检修项目

（1）检修周期

① 大修每 5~8 年进行一次。

② 小修每年进行一次。

③ 水泵发生缺陷时,立即检修。

（2）检修项目

① 检查电机与水泵联轴器中心。

② 更换轴承室内润滑油,检查联轴器抗圈是否老化损坏。

③ 检查水泵机械密封、叶轮、轴承、密封环、进水室、键位、螺帽等情况。

④ 测量转子弯曲度,更换必要部件,如轴承、机械密封等。

⑤ 复装水泵,修后找中心。

2.1.3　检修准备工作

① 工作准备:检查设备已可靠隔离、已对现场地面做好防护;开工前会同工作人员学习危险点分析及预防控制措施,并督促他们在工作票和相应栏签字;检查工作人员着装应符合规定,精神状态应良好。

② 备件及耗材准备:轴承、石墨油封、机械密封、"O"形圈、金相砂纸、密封胶、青稞纸、聚四氟乙烯板(2 mm)、抹布、白布、酒精等。

③ 工器具准备:紫铜棒、手锤、撬棍、螺丝刀、拉马、轴承加热器、深度尺、扁铲、梅花扳手、内六角扳手、10 寸活扳手、胶皮、10 cm 方木等。

2.1.4　检修工艺要求

① 拆卸联轴器罩及联轴器螺栓,拆除水泵端盖及电机地脚螺栓并吊至检修厂地。

② 取下叶轮背帽、叶轮和键,将蜗壳拆除。

③ 拆除水泵后盖,连同机械密封和轴套取出。

④ 拆卸联轴器与两轴承压盖,沿联轴器侧向进水方向轻轻敲击转子(用紫铜棒),取出转子,拆卸轴承。

⑤ 清理检查叶轮、轴承、轴承室(叶轮应无严重冲刷、裂纹等缺陷)。

⑥ 清理检查泵壳及泵盖、联轴器及泵轴,并测量弯曲度。叶轮孔与轴过盈配合 0.03 mm,泵轴弯曲度≤0.03 mm,轴与轴承内孔过盈配合 0.01~0.02 mm,轴承外径与轴承室过盈配合 0.015~0.02 mm。

⑦ 各部件清理完毕后,测量间隙并做好记录。轴承压盖与轴承轴向间隙为 0.15~0.25 mm,联轴器内孔与轴配合为 0~0.015 mm。

⑧ 用轴承加热器加热滚动轴承,将轴承分别套入轴上,装定位套,并紧螺帽,待轴承冷却后,且盘动轴承灵活、无杂音、无卡涩时,将转子套入托架,用紫铜棒轻轻敲入。用深度尺测量联轴器侧轴承压盖端的尺寸,计算出脱空间隙,调整垫片,更换石墨油封后复装压盖。

⑨ 复装机械密封,注意将机械密封的动静环密封圈装好。

⑩ 将叶轮套入轴,拧紧背帽,盘动转子应无摩擦声,叶轮流道应对准中心。复装泵盖,拧紧泵盖与泵体的连接螺栓,盘动转子时,应不卡涩、转动自由灵活,同时装复联轴器和键,并更换联轴器抗圈。

⑪ 就位后拧紧泵支架与电机地脚螺栓。

⑫ 校正转子中心,圆周偏差 ≤0.05 mm,平面张口 ≤0.05 mm,两轴间距 ≤5 mm。复装联轴器螺栓及护罩。

2.2　定、转子水箱检修

2.2.1　设备概况

定子水箱是闭式循环水系统中的一个储水容器,水箱中液面以上的空间充有压力为 14~20 kPa 的氮气,目的是隔绝水与空气的接触,减少水中溶解的氧对铜线的腐蚀。当水箱内气压高于一定值(35 kPa)时,可通过水箱上的安全阀自动排气。水箱上配有带变送器远传信号和就地显示功能的液位计,通过计算机系统对远传输出信号设置液位过高、过低的报警值;水箱补水通过除盐水系统管路上的一个电动阀自动打开或关闭来实现。

定、转子水箱参数见表 2-2。

表 2-2　定、转子水箱参数

序号	项目	单位	参数
1	有效容积	m^3	2.1
2	最大压力	kPa	35
3	工作压力	kPa	14~20
4	数量	台	1

2.2.2　检修周期及检修项目

（1）检修周期

① 大修每 5~8 年进行一次。

② 小修每年进行一次。

（2）检修项目

① 打开水箱盖板,检查水箱至水泵入口的粗滤网是否完好无损,转子水箱需取出回水滤网单独清理,还需清理壳体内部,直至无异物。

② 复核液位变送器。

③ 更换密封垫片,复装水箱,检查各法兰和连接件的密封情况,要求无漏点。

2.2.3 检修准备工作

① 工作准备：系统已有效隔离，设备内消压放水。办理开工工作票并针对定、转子水箱制订危险点分析及预防控制措施。人员着装应规范，精神状态应良好。

② 备件及耗材准备：聚四氟乙烯板、面粉、白布、酒精、砂纸、松动剂等。

③ 工器具准备：水桶、梅花扳手、剪刀、扁铲等。

2.2.4 检修工艺要求

① 在水箱人孔门盖上做好标记，拆卸人孔门螺栓，并取下人孔门盖，检查人孔门处垫片情况，通知化验人员进行修前化验取证。

② 检查水箱内部杂质、腐蚀情况，并用面团或白布蘸酒精清理干净。

③ 通知化验人员复查后更换人孔门密封件，并恢复人孔门。

2.3 定、转子水冷却器检修

2.3.1 设备概况

每套定、转子冷却水系统中装有两台并联的水冷却器，每台水冷却器可承担调相机定、转子线圈 100% 负荷所需的热交换功率。正常情况下，一台运行，另一台备用。两台水冷却器通过进出水的隔离阀进行切换。

定、转子冷却器技术参数见表 2-3。

表 2-3 定、转子冷却器技术参数

序号	项目	单位	参数
1	产品型号		WWC-300
2	热交换容量	kW	1013
3	工作水压	MPa	1.0
4	试验压力	MPa	1.5
5	质量	kg	1100
6	二次水水量	m^3/h	125/130
7	压降	MPa	≤0.2
8	二次水进水温度	℃	≤38
9	出厂编号		17Q035-1
10	出厂日期		2017.6
11	厂家		上海金石索泰机电设备有限公司

2.3.2 检修周期及检修项目

（1）检修周期

① 大修每 5~8 年进行一次。

② 小修每年进行一次。

（2）检修项目

① 对冷却器进行解体,清洗冷却器管束。

② 检查冷却器密封圈,发现损坏应立即更换。

③ 进行打水压试验。

④ 更换密封垫片,复装冷水器,检查各法兰、密封面和连接件的密封情况,要求无漏点。

2.3.3 检修准备工作

① 工作准备:办理工作票,对冷却器两侧进行有效隔离,系统放水消压,工作人员学习危险点分析及预防控制措施。

② 备件及耗材准备:塑料布、胶皮、擦布、白布、聚四氟乙烯板、密封胶条等。

③ 工器具准备:梅花扳手、螺丝刀、毛刷、撬棍、剪刀、高压清洗剂等。

2.3.4 检修工艺要求

① 打开冷却器外冷水侧和内冷水侧排污门,将积水放净。拆卸内、外冷水侧进、出水管法兰螺栓及相连的放空气管法兰。

② 拆卸冷却器两侧外冷水端盖,并做好记号,通知化验人员取样检查。

③ 用长毛刷对每根管束进行通刷,清理管束内壁污物。

④ 将冷却器一侧用塑料布包扎引至地沟后,用高压清洗机对管束逐根冲洗干净。

⑤ 通知化验人员检查后复装端盖,安装打压法兰后对外冷水侧进行打压试验。如果压力保持不住,需重新打开端盖,从内冷水侧进行打压,并将泄漏管束用紫铜堵进行两侧封堵,直至合格。

2.4 定、转子水过滤器检修

2.4.1 设备概况

定、转子水系统中装有两台并联的水过滤器,每台过滤器可过滤调相机 100% 负荷所需的冷却水流量,正常情况下,一台运行,另一台备用,通过六通阀进行切换。水过滤器的两端跨接着压差变送器。由用户在压差变送器模拟量输出中设置"定、转子水过滤器压差高"报警值。

滤芯结构:纤维布折叠式;接口:DN80;数量:12 根(单筒)。

2.4.2　检修周期及检修项目

（1）检修周期

① 大修每 5~8 年进行一次。

② 小修每年进行一次。

③ 过滤器压差报警时,应立即检修。

（2）检修项目

① 打开过滤器上盖,拆除滤芯压板,抽出滤芯清洗或更换。

② 打开过滤器上盖,清理壳体内部,直至无异物。

③ 更换密封垫片,复装过滤器,检查各法兰和连接件的密封情况,要求无漏点。

④ 过滤器投入运行后检查过滤器压降。

2.4.3　检修准备工作

① 工作准备:办理相关工作票,确认单台过滤器已隔离且已放水消压。

② 备件及耗材准备:滤芯、擦布、密封胶条、塑料布、白布、酒精。

③ 工器具准备:梅花扳手、螺丝刀、剪刀等。

2.4.4　检修工艺要求

① 单台隔离过滤器进行滤网清理,确认滤网进出口门、进出口联络门已关闭,放水门已打开,容器内积水已放净。

② 拆卸滤网上盖螺栓,在上盖做好标记后将上盖取下,检查密封件情况。

③ 拆除滤芯压板,并将滤芯取出,放于提前准备好的塑料布上(防止污染地面),将过滤器内壁及底部清理干净。

④ 更换新滤网后将滤网压板螺栓紧固均匀。

⑤ 更换密封件后复装上盖并均匀紧固螺栓。

⑥ 缓慢打开入口侧平衡管,打开放气门,将滤网腔内空气排出且充满内冷水,观察设备有无渗漏。

2.5　定子水电加热器检修

2.5.1　设备概况

冬天调相机机组在投运之前,如果定子线圈内部的定子冷却水进水温度低于运行要求,需要对定子冷却水进行加热,以提高线圈的温度,从而防止线圈表面产生结露现象。定子冷却水电加热器安装在出口管道旁路上,具有远程和就地控制开启功能,当水温低于 33 ℃时自动加热,当水温达到 50 ℃时自动关闭。

2.5.2 检修周期及检修项目

（1）检修周期

① 大修每 5~8 年进行一次。

② 小修每年进行一次。

（2）检修项目

① 检查水加热器各密封面有无泄漏现象。

② 检查控制箱上各电器元件是否有损坏。

2.5.3 检修准备工作

① 工作准备：办理工作票，对电加热器进行有效隔离，控制电源停电。

② 备件及耗材准备：电加热器、聚四氟乙烯板、擦布、白布、塑料布等。

③ 工器具准备：梅花扳手、螺丝刀、剪刀、12 寸活扳手等。

2.5.4 检修工艺要求

① 拆卸加热器进出口法兰螺栓及加热筒抱箍螺栓。

② 拆除电加热器接线，做好记号后将加热器移至检修厂地。

③ 拆除电加热器顶部端盖螺栓，取出加热器检查内部情况。

④ 清理电加热器筒内部，检查加热器绝缘情况。

⑤ 更换加热器上端盖密封垫，复装加热器。

⑥ 检查加热器控制电源箱内部接线、端子有无松动，确保信号上传通道良好。

2.6 定、转子水系统阀门检修

2.6.1 分类及介绍

① 作为管道闭路元件的阀门有闸阀、截止阀、蝶阀、球阀、旋阀等。

② 节制介质流量的阀门有节流阀、水位调节阀。

③ 起减压作用的阀门有调节阀、减压阀。

④ 阻止介质倒流的阀门有逆止阀、底阀。

⑤ 阻止介质超压的阀门有泄压阀、安全阀。

⑥ 疏放蒸汽管道中的凝结水并防止蒸汽泄漏的阀门有各种疏水器。

2.6.2 检修周期及检修项目

（1）检修周期

① 大修每 5~8 年进行一次。

② 小修每年进行一次。

③ 阀门存在缺陷时，随时检修。

（2）检修项目

① 检查所有阀门泄漏情况,包括内、外泄漏,有漏点时须更换垫片。

② 发现内泄漏,应更换阀芯。

③ 阀门复装后,要求检查阀门开关自如。

2.6.3　检修准备工作

① 工作准备:办理工作票,如果是电动阀门,需要拆除阀门电源和控制线。

② 备件及耗材准备:盘根、自密封填料环、轴承、松动剂、煤油、润滑油、黄油等。

③ 工器具准备:扳手、研磨工具、大锤、紫铜棒、螺丝刀、撬棍、样冲、扁铲、量具、锉刀、钢字码。

2.6.4　检修工艺要求

① 确认系统无压力后将阀门开启,并将需要拆卸的螺栓提前喷上松动剂。

② 拆卸阀门手轮,松开盘根压盖背帽或螺栓,将盘根压盖或背帽提起,松开阀门阀盖螺栓,将阀芯取出,退出阀杆,取下阀芯、盘根及压盖。

③ 清理检查阀芯、阀座密封面,应无裂纹、锈蚀、划痕等缺陷。轻微锈蚀和划痕应进行研磨,直到表面粗糙度在 Ra0.1 以下;若有裂纹或严重划痕,应补焊、车削后再进行研磨;问题极严重的,申请报废。

④ 清理门杆,检查弯曲度(一般不超过 0.10～0.15 mm/m)、椭圆度(一般不超过 0.02～0.05 mm),表面锈蚀和磨损深度不超过 0.10～0.20 mm,门杆螺纹应完好,门杆与丝螺母配合良好且转动灵活。

⑤ 清理检查盘根压盖、盘根室,并检查配合间隙(一般应为 0.10～0.20 mm)。

⑥ 清理检查各螺母、螺栓,螺纹应完好,配合应适当。

⑦ 清理检查阀体、阀盖等部件,表面应无裂纹、砂眼等缺陷。发现缺陷应及时处理,手轮应完整无缺。

⑧ 复装工艺与解体工艺相反。填盘根时,注意盘根开口处要错开 120°～180°,且盘根不要压得过紧。紧固盘根压盖时,应注意四周间隙均匀,以防紧偏。各部件就位时,应缓慢小心,严禁猛力落入和重力击打。

2.7　定、转子水加碱、膜碱化装置检修

2.7.1　设备概况

定子冷却水加碱装置自动化控制系统是根据调相机定子冷却水对水质的工艺运行要求设计的。在工艺系统设计满足系统运行要求的条件下,由 PLC 与 HMI 组成的智能控制系统对碱注射泵 NaOH 的加药量进行精确控制,使加碱装置混合过滤器的出水口电导率在经加碱后控制在规定值范围之内。

定子加碱装置参数见表 2-4。

表 2-4　定子加碱装置参数

序号	项目	单位	参数
1	电导率控制的标准设定点值	μS/cm	1.5
2	额定功率	kW	0.5
3	额定电压	V	220
4	额定频率	Hz	50
5	防护等级		IP55
6	数量	台	1
7	厂家		上海源盛机械电气制造有限公司
8	编号		AKL 17035
9	出厂日期		2017 年 8 月

为了降低内冷水对转子线圈的腐蚀,防止铜腐蚀产物沉积堵塞线圈,需通过转子膜碱化水处理装置连续不断地对内冷水进行循环处理。其处理方式为:通过高分子膜去除内冷水中的离子态铜、固态铜及机械杂质和不溶物,保留内冷水中有益的碱性离子,与此同时,通过微碱化技术控制碱化系统向内冷水系统中添加碱性物质,维持内冷水质在弱碱性区域 pH≥7(期望值 pH=8~9),同时为了机组运行安全,控制电导率小于 5.0 μS/cm。

转子膜碱化装置主要组成:

① 膜净化装置:高分子的膜净化装置可以去除内冷水系统中的杂质,彻底去除内冷水中的固态及离子态铜物质、机械杂质及不溶物。

② 碱化系统:通过计量加药泵,向膜净化装置处理后的内冷水中添加微量的 NaOH,提高出水的 pH 值。

③ 除离子器:除离子器位于旁路循环系统中,其主要作用是循环处理膜净化装置截留下来的少量离子及杂质。

④ 二合一水质分析仪:能够检测水中的电导率、pH 值的在线仪表。

⑤ 智能调节仪:智能调节系统,能自动控制内冷水的电导率、pH 值。

2.7.2　检修周期及检修项目

（1）检修周期

① 大修每 5~8 年进行一次。

② 小修每年进行一次。

③ 设备运行状态异常时,随时检修。

（2）检修项目

① 检查注射泵、电导率仪、液位变送器、流量开关、压差开关等运行参数,检查各连接部分的密封情况,发现漏点时应更换密封垫片。

② 检查碱液箱内部清洁度。

③ 检查碱液箱液位计。

④ 检查二氧化碳过滤器内装填的钠石灰是否失效,如颜色由粉色变为白色,应更换。

⑤ 检查离子交换器。

⑥ 检查设备的严密性及管道有无渗漏情况。

⑦ 对电控柜的仪表进行校准,检查仪表和调节仪的数据显示是否同步。

⑧ 转子膜碱化装置树脂更换。

2.7.3　检修准备工作

① 工作准备:办理相关工作票,工作人员学习危险点分析及预防控制措施。

② 备件及耗材准备:电气柜元件、胶管、树脂、膜碱化高分子膜、白布、酒精、塑料布、PE 胶、电导仪、pH 值监测仪、pH 试纸、医用乳胶手套、生料带、"O"形圈等。

③ 工器具准备:螺丝刀、毛刷、砂纸、锯弓、壁纸刀、活扳手、水桶、内六角扳手等。

2.7.4　检修工艺要求

① 确保检查设备已停电,进、出口水门已关闭,将系统残留介质放至指定容器内。

② 拆除定子加碱混合过滤器上盖法兰螺栓,取出滤网,清理内部后进行滤网更换。

③ 将定子加碱药箱底部排污口接至指定容器,对加碱药箱进行清洗。

④ 清洗检查定子加碱计量泵。

⑤ 检查或更换定子加碱 pH 电极、电导电极元件。

⑥ 打开转子膜碱化进、出口滤网端盖,取出滤网并清理干净。

⑦ 转子膜碱化树脂更换时先对树脂罐进行隔离,从底部将放水口打开,将罐内水放净,再打开底部放树脂口将树脂放出。可以用少量清水将最后的树脂冲出。从顶部加树脂口加装树脂。

⑧ 转子膜碱化更换高分子膜需要让装置停运、停电,拆卸顶部管道和上盖法兰螺栓,打开高分子膜筒上盖,取出膜组件,清理内壁后进行更换。

⑨ 将转子膜碱化碱液箱内残余药液放出至指定容器并用清水冲洗干净。顶部二氧化碳过滤器根据颜色情况进行更换。

2.8　定、转子水在线监测系统检修

2.8.1　设备概况

(1) 定子水在线监测

① 进入定子线圈冷却水系统的水质必须符合如下要求:电导率为 $0.4 \sim 2.0\ \mu S/cm$;pH 值为 $8 \sim 9$;水中不得含有如联氨、吗啉、磷酸盐等化学物质,水质透明纯净、无机械混杂物。

定子水系统技术数据见表 2-5。

表 2-5　定子水系统技术数据

序号	项目	单位	参数
1	空心导线材料		铜
2	定子线圈冷却水流量	m³/h	55
3	定子线圈进水温度	℃	35~45
4	定子线圈出水温度	℃	≤85
5	定子线圈进出水压降	kPa	100~150
6	定子冷却水电导率(25 ℃)	μS/cm	0.4~2.0
7	定子冷却水 pH 值(25 ℃)		8~9
8	外部二次冷却水温度	℃	≤38

② 定子水在线监测分为电导率监测,pH 值和溶氧监测,温度、压力、流量监测。

（2）转子水在线监测

① 转子水系统的水质必须符合如下要求:电导率<5 μS/cm;pH 值为 7~9;水中不得含有如联氨、吗啉、磷酸盐等化学物质,水质透明纯净、无机械混杂物。

转子水系统技术数据见表 2-6。

表 2-6　转子水系统技术数据

序号	项目	单位	参数
1	空心导线材料		铜
2	转子线圈冷却水流量	m³/h	44
3	转子线圈进水温度	℃	35~43
4	转子线圈出水温度	℃	≤85
5	转子线圈进水压力	kPa	200~300
6	转子冷却水电导率(25 ℃)	μS/cm	<5
7	转子冷却水 pH 值(25 ℃)		7~9
8	外部二次冷却水温度	℃	≤38

② 转子水在线监测分为电导率监测,pH 值和溶氧监测,温度、压力、流量监测。

2.8.2　检修周期及检修项目

（1）检修周期

① 大修每 5~8 年进行一次。

② 小修每年进行一次。

③ 设备运行状态异常时,随时检修。

（2）检修项目

① 检查定、转子系统内流量计、温度计、压力表及变送器。

② 检查定、转子水流量孔板,检查低流量（断水）报警装置。

③ 检查定、转子水及加碱加药系统的电导率仪、pH 值监测仪。

④ 检查各测量元件信号通道,检查端子、控制柜。

2.8.3　检修准备工作

① 工作准备:办理相关工作票,工作人员学习危险点分析及预防控制措施。

② 备件及耗材准备:温度计、压力表、差压计、压力变送器、流量开关、活扳手、生料带、医用乳胶手套、白布、酒精、自粘绝缘胶带、绑扎带等。

③ 工器具准备:活扳手、尖嘴钳、斜口钳、螺丝刀、壁纸刀、万用表、摇表等。

2.8.4　检修工艺要求

① 检查或更换设备时,确认设备已停电,不可强行拆除。

② 更换压力表时,先将压力表前的一次阀门关闭,用一只扳手卡住螺帽,用另一只扳手卡住压力表,逆时针松开压力表,注意更换压力表时将密封垫片一同更换。

③ 检查温度计时,用万用表检查温度计电阻值,电阻合格即为正常,反之需更换。

④ 检查在线流量计时,用手持式流量计与在线流量计进行比对校验,如参数不对,则进行修正或更换。

第3章 润滑油系统检修规程

3.1 润滑油泵检修

3.1.1 设备概况

调相机润滑油系统拥有两台交流润滑油泵和一台直流润滑油泵,每台油泵均可承担调相机100%负荷所需的润滑油量。泵组的设置能保障在故障发生时,主交流润滑油泵快速切换至辅助交流润滑油泵;在事故发生时,交流润滑油泵能快速切换至直流润滑油泵。

交流润滑油泵参数见表3-1。

表 3-1 交流润滑油泵参数

序号	项目	参数
1	设备名称	交流润滑油泵
2	设备型号	NSSV50-250W106
3	出厂编号	170218861
4	额定扬程	65.7 m
5	密度	0.85 kg/dm^3
6	运动黏度	29.8 mm^2/s
7	额定流量	60 m^3/h
8	电机功率	17.4 kW
9	额定转速	2955 r/min
10	口径	227 mm
11	制造厂家	ALLWEILER
12	出厂日期	2017 年 6 月

直流润滑油泵参数见表3-2。

表 3-2　直流润滑油泵参数

序号	项目	参数
1	设备名称	直流润滑油泵
2	设备型号	NSSV50-2160W106
3	出厂编号	17021889
4	额定扬程	29.9 m
5	密度	0.85 kg/dm^3
6	运动黏度	29.8 mm^2/s
7	额定流量	49.2 m^3/h
8	电机功率	6.9 kW
9	额定转速	2900 r/min
10	口径	158 mm
11	制造厂家	ALLWEILER
12	出厂日期	2017 年 6 月

3.1.2　检修周期及检修项目

（1）检修周期

① 大修每 5~8 年进行一次。

② 小修每年进行一次。

③ 润滑油泵故障时，随时检修。

（2）检修项目

① 解体检查叶轮、泵轴、轴承，测量密封环间隙及泵轴弯曲。

② 外壳体宏观检查及防腐处理。

③ 逆止阀解体检查。

④ 油泵与电机中心找正。

3.1.3　检修准备工作

① 工作准备：办理相关单台或润滑油系统工作票，工作人员学习危险点分析及预防控制措施。

② 备件及耗材准备：轴承、密封环、骨架油封、黄油、青稞纸、擦布、酒精、白布、塑料布、金相砂纸、聚四氟乙烯板等。

③ 工器具准备：钢丝绳、吊环、卡环、撬棍、活扳手、梅花扳手、内六角扳手、螺丝刀、样冲、剪刀、紫铜棒、大锤、枕木、轴承加热器等。

3.1.4　检修工艺要求

① 将与润滑油泵及电机连接的电源及控制线拆除。

② 拆除润滑油泵支架与润滑油箱连接螺栓，以及润滑油出口管道与母管连接法兰

螺栓,将电机与润滑油泵整体吊出至检修厂地。

③ 拆除电机及泵壳的连接螺栓和对轮螺栓,妥善保管。

④ 拆除油泵连接出口法兰螺栓及管道,清点拆卸螺栓并将其包好。

⑤ 测量泵轴串轴量(3~5 mm),做好记录,拆除泵轴承的润滑油管,并封好管口。

⑥ 拆除靠背轮、轴承盖、轴背帽及进油口处滤网、短接、叶轮背帽,拿下短接及叶轮。

⑦ 用铜棒轻轻由电机侧向泵侧锤击泵轴,抽出泵轴。

⑧ 全面检查、清洗各部件,测量各部间隙。叶轮与密封环间隙应在 0~0.15 mm,泵轴弯曲度不应大于 0.05 mm。

⑨ 更换必要备件后按与拆卸程序相反的顺序组装。

3.2　润滑油箱检修

3.2.1　设备概况

油箱是一个大型的碳钢容器,调相机组所需的全部润滑油及系统用油全部储存在这个容器内。润滑油模块油箱布置在调相机厂房零米层,由电动机驱动油泵从油箱里抽出所需的油以满足各种需要,所有供到调相机组轴承的润滑油均回到油箱。主、辅电动机驱动的油泵、电加热器、液位计、液位变送器、铂热电阻等各种仪表都装在油箱模块。油箱顶部设置检修人孔门,供维修时使用;油箱底部有一个排污口、两个紧急放油口,运输过程中,口要堵上。油箱容量的大小,应保证当厂用交流电失电、冷油器失去冷却水的情况下停机时,机组安全惰走,此时润滑油箱中的油温不高于 80 ℃。

模块油箱具体包括如下部件:

① 加热器:四台加热器通过铂热电阻输出油温,在油温低时加热,在油温高时停止加热。

② 磁翻板液位计:就地观察油液液位。

③ 导波雷达变送器:三台导波雷达液位变送器检测油液液位,输出 4~20 mA 控制信号供 DCS 监控(三取二)。

④ 温度计:观察油箱内油液温度。

⑤ 铂热电阻:两个铂热电阻测量油温,输出的信号用于控制加热器启停。

⑥ 回油过滤装置:安装在油箱回油仓区域。滤网为方形篮式结构,通过手柄可以轻松取放和检修。除顶面外,四周和底面由外覆金属网的带孔筛板组装而成,滤网腔体内部设有磁棒,可以吸附回油油液中的微小金属颗粒。

润滑油系统供油装置主要参数见表 3-3。

表 3-3　润滑油系统供油装置主要参数

项目	参数	项目	参数
设备名称	同步调相机 润滑油系统供油装置	制造厂家	江苏江海润液 设备有限公司
设备型号	TTS-300-2-XA	出品号	175019
润滑油设计压力	0.55 MPa	润滑油额定流量	60 m^3/h
顶轴油设计压力	12 MPa	顶轴油额定流量	1.56 m^3/h
润滑油牌号	#46 透平油	油箱容积	15 m^3
质量	16000 kg	标准	Q/32068JDY12—2017

3.2.2　检修周期及检修项目

（1）检修周期

① 大修每 5~8 年进行一次。

② 小修每年进行一次。

（2）检修项目

① 放油清理油箱内壁。

② 检查油位计、回油滤网、油箱连接、进出口管道等。

③ 检查油箱内部管道法兰螺栓有无松动。

3.2.3　检修准备工作

① 工作准备：办理相关工作票，工作人员学习危险点分析及预防控制措施。

② 备件及耗材准备：液位计、螺栓、擦布、塑料布、白布、煤油、连体服、耐油石棉板、密封胶、面粉等。

③ 工器具准备：刮泥产、扳手、行灯（12 V）、油桶、剪刀、撬棍等。

3.2.4　检修工艺要求

① 确认盘车已停运，检查输送泵阀门状态是否正常。

② 开启润滑油箱输送泵，将油全部打进储油箱。

③ 润滑油箱顶部清理干净后，解开滤网上部盖板，取出回油滤网。

④ 打开另外一侧检修人孔门盖板，通知相关人员检修前油箱内部情况（工作人员进入油箱内部应使用 12 V 行灯，穿连体服）。

⑤ 工作人员从检修孔进入油箱内，用专用盖板将油箱内部放油口及管道口封堵住。

⑥ 用白布将油箱下部的沉淀物清理干净，将油箱内壁及内部所属管道、泵及电加热器等清理干净。

⑦ 用煤油清理油箱内部，再用面团将内部全部粘干净。

⑧ 检查油箱油位计、油箱滤网，滤网用压缩空气吹干净。

⑨ 通知相关人员进行验收后,取出加装的封堵,将回油滤网、上盖回装,紧固螺栓。

⑩ 检查事故放油门等阀门的状态,开启输送泵将油打进润滑油箱至正常油位。

⑪ 开启滤油机,对润滑油系统进行大流量冲洗,待化验油质合格后停止大流量冲洗。

3.3　润滑油冷却器检修

3.3.1　设备概况

润滑油冷却器采用进口板式冷却器,换热效率高,使用安全可靠,结构紧凑,占地面积小。系统设置两台板式冷却器,每台冷却器均可承担调相机润滑油液所需的热交换功率。冷却器热侧介质为润滑油。在正常运行情况下,热油在一台冷却器内流通,另一台冷却器备用,以满足冷却器检查维护的要求。在某些特殊工况下,两台冷却器也可同时运行。两台冷却器可通过六通切换阀切换,可在不停机的状态下维护非工作状态的冷却器。冷却器采用板式水冷原理,利用水具有较大比热容的特点达到高效的冷却性能。

板式冷却器参数见表3-4。

表 3-4　板式冷却器参数

序号	项目	参数
1	设备名称	板式冷却器
2	设备型号	I150-BZM
3	进口→出口	S1→S2
4	设计压力	1.0 MPa
5	设计温度	100 ℃
6	试验压力	1.3 MPa
7	额定流量	325 m^3/h
8	制造厂家	阿法拉伐(江阴)设备制造有限公司
9	出厂日期	2017 年 8 月

3.3.2　检修周期及检修项目

(1)检修周期

① 大修每5~8年进行一次。

② 小修每年进行一次。

③ 具体检修时间依据设备状态而定。

（2）检修项目

① 清洗板片,将附着在板片上的污物清理干净,并检查板片有无损坏。

② 检查垫片有无脱落和破坏。

③ 检查连接口垫片有无损坏。

④ 检查上下导杆和夹紧螺栓有无锈蚀现象和变形。

⑤ 检查支柱是否有变形、脱漆。

⑥ 冷却器水侧打压试验。

3.3.3　检修准备工作

① 工作准备:办理油、水两侧相关工作票,确认系统隔离严密,工作人员学习危险点分析及预防控制措施。

② 备件及耗材准备:冷却器翅翘片、密封垫、塑料布、擦布、白布、胶带、毛刷、5%浓度草酸等。

③ 工器具准备:专用扳手、高压清洗剂、大铁盒、螺丝刀、套管、打水压机等。

3.3.4　检修工艺要求

① 先用尺测量两块挡板间的距离 A,正确的 A 值会在计算书中说明,A 值的允许误差是 ±3%。

② 拆开前应先关紧阀门,再将冷却器内的油放至指定的油桶内。

③ 用工具拆开螺帽并以交叉方式松开,松开时将螺帽慢慢放松几公分,但不要一次将螺帽拆下,要慢慢松开,直到全部可以用手松动时再将螺栓拆下。检查螺栓及螺帽有无损伤。

④ 板片有很多种不同的组合,典型的单流程:a. 第一片板片有 4 个孔口,为全密封垫片。b. 最后一片板片没有孔口。c. 中央板片有两种,一种板片双面有垫片,与双面无垫片板片组合;另一种板片每片都有橡胶垫片,橡胶垫片分别封闭不同的孔口。

⑤ 面对前挡板(即面对水管)将每一片板片右上角的英文字母记下来,将来回装时要按此字母顺序排列。

⑥ 将后挡板往后推或卸下,从侧面或后面将板片一片片拿下来。

⑦ 用毛刷将脏物全部刷掉(不可用铁质或金属工具,否则会造成划痕),再利用高压清洗工具清洗。如果脏物刷不掉,将板子放入 5% 的草酸或弱酸中浸泡 1 h(浸泡过程中药液最好是流动的),再用毛刷清理。如浸泡 1 h 尚不能完全软化脏物,可延长浸泡时间或者咨询厂家。

⑧ 刷洗过程中尽量不要破坏垫片,如果垫片脱落,则待板片晾干后用胶带直接将其粘在沟槽中,必须使用不含氯的胶贴垫片,在板片沟槽内涂上胶,待胶稍微干燥再粘垫片。

⑨ 清洗后按原排列方式装回,依照原先英文字母顺序一片片安装,保证安装顺序完全正确。

⑩ 按顺序拆开、清洗及安装板式冷却器。螺栓回装方式与原先相同,用尺量出冷却器两边的距离,慢慢装回螺栓直到原先叉开的距离(可允许误差 ±3%)。

⑪ 将打水压设备连接至外冷水侧灌水打压,合格后放掉打压用水。

⑫ 打压合格后不可立即投运(水、油压瞬间过高,会损坏冷却器),先将阀门打开 1/4 投入设备,几分钟后再开到 1/2 直至全开位置。

3.4　润滑油过滤器检修

3.4.1　设备概况

润滑油过滤器是由两个滤筒和切换阀组成的整体结构,可以滤去油中一定颗粒度的污物,保持油液的清洁。过滤器两端跨接着压差开关,压差开关报警时,须更换滤芯。过滤器设置在冷却器的下游,每台过滤器可过滤调相机 100% 负荷所需的润滑油量,正常情况下,一台运行,另一台备用。切换阀采用球阀,可有效减少阀侧内漏。切换时采用旁通阀设计,切换前对备用滤筒进行充油,可防止瞬间冲击,但不影响油压。

3.4.2　检修周期及检修项目

(1) 检修周期

① 大修每 5~8 年进行一次。

② 小修每年进行一次。

③ 滤网状态异常时,随时检修。

(2) 检修项目

① 检查滤芯是否需更换(压差开关报警或使用 6 个月时更换)。

② 清理检查回油滤网,更换破损滤网。

3.4.3　检修准备工作

① 工作准备:办理相关工作票,工作人员学习危险点分析及预防控制措施。

② 备件及耗材准备:滤网、塑料布、白布、煤油、密封胶条、密封胶等。

③ 工器具准备:扳手、螺丝刀、滤网取出专用辅助工具等。

3.4.4　检修工艺要求

① 单台隔离进行滤网清理时,确认滤网进出口门已关闭,进出口联络门已关闭,放油门已打开,容器内积油已放净。

② 拆卸滤网上盖螺栓,在上盖做好标记后将上盖取下,检查密封件情况。

③ 将滤芯取出,放至提前准备好的塑料布上(防止污染地面),对过滤器内壁及底部进行清理。

④ 更换新滤网后将滤网上部压板压紧,螺栓均匀紧固。

⑤ 更换密封件后复装上盖,均匀紧固螺栓。

⑥ 缓慢打开入口侧平衡管,打开放气门,将滤网内部空气排出并充满润滑油,观察设备有无渗漏。

3.5 润滑油排油烟系统检修

3.5.1 设备概况

排油烟装置装在油箱顶板上。排油烟装置由油烟分离器、止回风门、蝶阀、电动机驱动的风机(一用一备)、负压表、防爆阻火器,以及油箱与风机间的连接管道等组成。运行时,风机在这个区域和连接这个区域到调相机轴承座的回油管中产生一个低负压,同时把油箱内和轴承端的油雾吸出,经过滤芯把油凝结回油箱,空气经排烟管道排出。

排油烟装置参数见表 3-5。

表 3-5 排油烟装置参数

项目	参数	项目	参数
设备名称	排油烟装置	制造厂家	江苏江海润液设备有限公司
设备型号	PYFJ-X1512A	出厂日期	2017 年 11 月
出厂编号	175019	排气量	420 m^3/h
入口最大压力	−18 kPa	出口最大压力	17 kPa
电机功率	2.2 kW×2		

3.5.2 检修周期及检修项目

(1)检修周期
① 大修每 5~8 年进行一次。
② 小修每年进行一次。
(2)检修项目
① 检查风机叶轮有无损伤,必要时对叶轮做静平衡实验。
② 检查排油、排烟管道阀门。
③ 外壳体防腐处理。

3.5.3 检修准备工作

① 工作准备:办理相关工作票,工作人员学习危险点分析及预防控制措施。
② 备件及耗材准备:叶轮、耐油石棉垫、聚四氟乙烯板、胶管等。
③ 工器具准备:扳手、螺丝刀、撬棍、剪刀、钢丝钳、塑料布、擦布、白布、酒精、密封胶等。

3.5.4 检修工艺要求

(1)除油雾装置检修
① 拆除滤网组件与外壳连接螺栓。

② 将滤网中心螺栓、螺帽拆除,小心取出除油烟滤网,检查滤网应完整无破损,壳体内壁无油泥、锈垢。

③ 用煤油清理干净滤网组件及壳体内壁后,用压缩空气吹干。

④ 复装滤网组件,紧固连接螺栓。

（2）排烟风机检修

① 将电机电源线和二次控制线拆除。

② 拆除连接管道,整体吊出风机,放至指定检修厂地,并封堵好各拆卸管口。

③ 拆卸风机盖与涡壳连接螺栓,取下电机与叶轮,检查风机叶轮与外壳应完好无损,叶轮应无变形、扭曲等现象。

④ 全面检查各部件,更换易损件,组装时按拆卸的相反顺序进行。组装后,手动盘车应灵活,无卡涩、摩擦等现象,运行后无明显振动。

3.6　润滑油管道阀门检修

3.6.1　分类及介绍

① 作为管道闭路元件的阀门有闸阀、截止阀、蝶阀、球阀、旋阀等。

② 节制介质流量的阀门有节流阀、水位调节阀。

③ 起减压作用的阀门有调节阀、减压阀。

④ 阻止介质倒流的阀门有逆止阀、底阀。

⑤ 阻止介质超压的阀门有泄压阀、安全阀。

3.6.2　检修周期及检修项目

（1）检修周期

① 大修每 5~8 年进行一次。

② 小修每年进行一次。

③ 阀门存在缺陷时,随时检修。

（2）检修项目

① 检查所有阀门的泄漏情况,包括内外泄漏,有漏点时应更换垫片。

② 发现内漏,应更换阀芯。

③ 检查阀门复装后是否开关自如。

3.6.3　检修准备工作

① 工作准备:办理工作票,如果是电动阀门,需要拆除阀门电源和控制线。

② 备件及耗材准备:盘根、自密封填料环、轴承、松动剂、煤油、润滑油、黄油等。

③ 工器具准备:扳手、研磨工具、大锤、紫铜棒、螺丝刀、撬棍、样冲、扁铲、量具、锉刀、钢字码等。

3.6.4 检修工艺要求

（1）通用阀门检修工艺

① 确认系统无压力后将阀门开启,将需要拆卸的螺栓提前喷上松动剂。

② 拆卸阀门手轮,松开盘根压盖背帽或螺栓将盘根压盖或背帽提起,松开阀门阀盖螺栓,将阀芯取出,退出阀杆,取下阀芯、盘根及压盖。

③ 清理检查阀芯、阀座密封面应无裂纹、锈蚀、划痕等缺陷。轻微锈蚀和划痕应进行研磨,直到表面粗糙度在 Ra0.1 以下;若有裂纹或严重划痕,应补焊、车削后再进行研磨;问题极严重的,申请报废。

④ 清理门杆,检查弯曲度(一般不超过 0.10~0.15 mm/m)、椭圆度(一般不超过 0.02~0.05 mm),表面锈蚀和磨损深度不超过 0.10~0.20 mm,门杆螺纹应完好,门杆与丝螺母配合良好且转动灵活。

⑤ 清理检查盘根压盖、盘根室,并检查配合间隙(一般应为 0.10~0.20 mm)。

⑥ 清理检查各螺母、螺栓,螺纹应完好,配合适当,

⑦ 清理检查阀体、阀盖等部件,表面应无裂纹、砂眼等缺陷。发现缺陷应及时处理,手轮应完整无缺。

⑧ 复装工艺与解体工艺相反。填盘根时,注意盘根开口处要错开 120°~180°,且盘根不要压得过紧。盘根压盖紧固时,注意四周间隙均匀,以防紧偏。各部件就位时,应缓慢小心,严禁猛力落入和重力击打。

（2）油系统六通阀检修工艺

① 拆除切换阀进油室底部螺塞,将切换阀内剩余积油放掉。

② 拆除切换阀进油室与阀体连接螺栓,拆卸切换阀进油室。

③ 拆除固定切换阀进油侧碟阀的开口销、特质垫片、螺母,取下切换阀进油侧碟阀。

④ 拆除切换阀手柄、手轮及手轮下部的垫片、"O"形圈。

⑤ 拆除切换阀出油室上的法兰螺栓,取下法兰及套筒。

⑥ 吊出心轴和出油室碟阀。碟阀与阀体径向间隙为 1.5~2 mm。

⑦ 检查进、出油室碟阀。

⑧ 检查套筒与心轴、上法兰与套筒的密封圈。

⑨ 清理进、出口油室及阀体内壁,检查其锈蚀情况。

（3）油系统温控阀检修工艺

① 拆除温控阀进、出口法兰螺栓,将温控阀吊至检修场地。

② 将温控阀中分面螺栓松开,打开温控阀。

③ 测量温控阀单个内阀弹簧压缩量,并详细记录。

④ 解体单个温控阀内阀,用煤油清洗干净。

⑤ 按照与拆卸程序相反的顺序组装温控阀,注意安装时不可把温控阀反向安装。

3.7　润滑油顶轴油系统检修

3.7.1　设备概况

润滑油系统拥有两台交流顶轴油泵和一台紧急顶轴油泵（直流油泵），每台油泵均可承担调相机100%负荷所需的顶轴油量。泵组的设置能保障在故障发生时，主交流顶轴油泵能快速切换至辅助交流顶轴油泵；在事故状态时，能够保证主交流顶轴油泵无故障切换至紧急顶轴油泵（直流油泵）。油泵出口装有溢流阀，用于调节和限定顶轴油部分的最高供油压力，并保护润滑油系统的安全。油泵出口同时装有调速阀，用于分配调相机顶轴油的供油流量，使调相机转子满足顶起高度。

交流顶轴油泵参数见表3-6。

表 3-6　交流顶轴油泵参数

项目	参数	项目	参数
设备名称	交流顶轴油泵	制造厂家	德国 Rexroth
设备型号	A10VSO 18 DR/31R-PPA12N00	出厂日期	2017 年 4 月
出厂编号	35075192	轴向柱塞设备材料编号	R910942503
排量	18 cm^3	额定转速	1500 r/min
压力控制设置	280 bar	流量/功率	可控

3.7.2　检修周期及检修项目

（1）检修周期

① 大修每5~8年进行一次。

② 小修每年进行一次。

（2）检修项目

① 检查泵的流量、压力是否满足现场的工况需求。

② 检查联轴器的间隙和同心度。

③ 更换高压顶升油泵。

④ 检查顶轴油系统溢流阀、调节阀。

⑤ 检查顶轴油管道防碰、防磨情况。

3.7.3　检修准备工作

① 工作准备：办理隔离工作票，检修前应确保顶轴油泵进、出口门已关闭。工作人员学习危险点分析及预防控制措施。

② 备件及耗材准备："O"形圈、轴承、密封胶、酒精等。

③ 工器具准备：活扳手、内六角扳手、擦布、油桶、塑料布等。

3.7.4　检修工艺要求

① 将电机停电并拆线,关闭出入口油门,拆除并封堵好各管口。

② 拆卸电机对轮螺栓,吊开电机。

③ 拆除电机侧端盖法兰,取出"O"形密封圈,检查"O"形圈有无老化。

④ 拆卸泵体与泵壳连接螺栓,取下泵体。取下滚珠轴承挡圈,打出轴承,检查轴承活动是否良好、配合有无松旷、传动轴表面是否光洁、无弯曲。

⑤ 取出配油盘,拆卸泵侧端盖,取出轴承,取出回程盘、定心弹子、柱塞、内套、弹簧外套等。检查柱塞表面,应光洁、无单面磨损,缸体配合无松旷、卡涩,中间油孔畅通。回程盘和滑靴之间无磨损,接触面无毛刺,定心弹子表面光洁、无磨损。内外套、配油盘接触面无毛刺、无磨损,与壳配合不松动,弹簧良好无变形、无裂纹。

⑥ 测量各部间隙,做好记录。

⑦ 全面检查并清理各部件,按拆卸的逆顺序回装。

3.8　润滑油在线滤油机(油净化装置)检修

3.8.1　设备概况

油净化装置可以去除润滑油液中的颗粒及乳化水、游离水,保持油液的清洁。经处理,能使油液达 NAS 6 级,含水量小于 50 mg/L。

油净化装置参数见表 3-7。

表 3-7　油净化装置参数

项目	参数	项目	参数
设备名称	HNP073 系列液体净化设备	制造厂家	颇尔过滤器(北京)有限公司
设备型号	HNP073R3HNP-X346	质量	450 kg
出厂编号	CN17013767	出厂日期	2017 年 6 月
额定电压	380 V(AC)	额定频率	50 Hz
电源类型	三相电	运动黏度	700 cSt
液体最高温度	70 ℃	最大电流	16 A
最大进口压力	3.0 barg	最大出口压力	5.0 barg

3.8.2　检修周期及检修项目

(1)检修周期

① 大修每 5~8 年进行一次。

② 小修每年进行一次。

③ 设备运行异常时,随时检修。

(2) 检修项目

① 空气过滤器滤芯检查。

② 出口滤芯检查。

③ 流量泵与真空泵联轴器常规检查。

④ 电磁阀常规检查。

⑤ 软连接检查(软管)。

⑥ 流体泵组和电机常规检修。

⑦ 真空泵组内各过滤器检修。

3.8.3　检修准备工作

① 工作准备:办理隔离工作票,确保润滑油在线滤油机装置停电。工作人员学习危险点分析及预防控制措施。

② 备件及耗材准备:"O"形圈、轴承、各滤芯、抹布、塑料布、记号笔、密封胶、酒精等。

③ 工器具准备:活扳手、内六角扳手、油桶等。

3.8.4　检修工艺要求

① 在线滤油机进行检修前确认装置进、出口油门已关闭,设备已停电。

② 将要检修设备提前放油至指定容器内。

③ 拆卸设备更换滤芯或检修设备。

④ 检修结束后,注意系统排空气,并且使容器注满油后再启动。

3.9　润滑油净污油箱检修

润滑油净污油箱检修,请参考润滑油主油箱检修规程。

第4章 除盐水系统检修规程

4.1 除盐水凝聚杀菌加药设备检修

4.1.1 设备概况

凝聚杀菌加药设备的主要作用是对原水进行杀菌,去除水中的游离氯,阻止反渗透膜系统结垢,确保系统的稳定运行。该设备由还原剂加药单元、阻垢剂加药单元等组成,所加药品为 NaClO、Na_2SO_3、OSM35。凝聚杀菌加药设备参数见表 4-1,其所添加的化学药品参数见表 4-2。

表 4-1 凝聚杀菌加药设备参数

序号	设备名称	型号	规格	数量	生产厂商
1	还原剂投加系统		$0\sim0.79$ L/h,加药桶 200 L、$\phi580$,配搅拌器 0.25 kW	1	LMI
2	阻垢剂投加系统		$0\sim0.79$ L/h,加药桶 100 L、$\phi460$,配搅拌器 0.25 kW	1	LMI
3	还原剂计量泵	AD846-818NI	$Q=0.79$ L/h,$P=1.03$ MPa,电机 $P=22$ W	2	米顿罗
4	阻垢剂计量泵	AD846-818NI	$Q=0.79$ L/h,$P=1.03$ MPa,电机 $P=22$ W	2	米顿罗

表 4-2 所加化学药品参数

药品类型	阻垢剂	还原剂
名称	OSM35	$NaHSO_3$
纯度	美国标准	化学纯
包装	桶装	25 kg 袋装
运输方式	汽运	汽运
配制浓度	50%	20%
加药量	$1\sim2$ mg/L	$1\sim3$ mg/L

4.1.2　检修周期及检修项目

（1）检修周期
① 大修每 5~8 年进行一次。
② 小修每年进行一次。
③ 设备运行状态异常时，随时检修。
（2）检修项目
① 计量箱、混合器内外部沉淀物清理，电动搅拌器解体检修。
② 计量泵泵头、隔膜、密封及油环检查及各部件清理。
③ 控制柜清扫，柜内开关、二次回路、端子、变频器、电缆检查清扫。
④ 系统渗漏点、设备铭牌、警示牌等检查。

4.1.3　检修准备工作

① 工作准备：办理相关工作票，检修前查阅安全规程了解有关安全要求，制订检修设备安全技术措施。工作人员应穿戴好防腐蚀衣服、手套、鞋、帽及防毒面罩、面具等。
② 备件及耗材准备：计量泵成套密封件、隔膜、生料带、抹布、酒精、甘油。
③ 工器具准备：高温箱、电火花检测仪、三爪扒子、百分表、游标卡尺、内径千分尺、框式水平仪、液压轴承取出器。

4.1.4　检修工艺要求

① 检查配药箱、加药箱内部衬胶层表面是否无裂纹、气泡、磨损，箱盖、人孔盖、出入口法兰等密封面衬胶层是否完整，应无裂纹、气泡、磨损及径向划痕。
② 电动搅拌器轴承内外部表面应无脱皮、裂纹、麻点，滚珠无麻点、破损，支架无裂纹、破损，搅拌杆、搅拌桨无裂纹、破损。搅拌杆弯曲度小于 1.0 mm，与搅拌桨连接牢固。轴承与轴承座、搅拌杆配合间隙为 0.01~0.03 mm。
③ 加药泵进、出单向阀体、阀座、阀球所有接触部件密封垫片必须更换；密封槽表面使用软刷或软布清理，避免损伤；检查密封槽表面是否光洁、无损伤，检查阀球表面是否光滑、圆润，阀座表面应无凹陷、腐蚀、裂纹，阀座与阀球接触面吻合，柱塞接头油封必须更换；油封槽表面应光洁、无损伤，油封与油封槽配合间隙为 0.01~0.03 mm。
④ 加药泵隔膜必须更换，隔膜与泵头密封面表面应光洁、无损伤，更换安装的隔膜与护盘规格一致，定位销就位且牢固。安装隔膜与泵头时，注意单向阀体的流向不要装反，对角拧紧泵头螺栓，力矩为 69 N·m，再次对角拧紧泵头螺栓，最终装配力矩为 138 N·m。
⑤ 压力释放阀、排气阀密封阀座、阀芯表面应光洁、无损伤，接触面吻合，弹簧无裂纹或弹力不足。
⑥ 检修后试验、验收标准如下：
a. 动力电源线、控制电源线、信号电源线按编号连接好，送电后自动控制系统各电动阀门正常，开关及时到位。

b. 配药箱、加药箱注水后,在常温、常压下箱盖、人孔盖、出入口法兰等密封面无泄漏。

c. 电动搅拌器运行声音正常,无振动,转速为 82 r/min,搅拌效果良好,与药箱连接固定法兰密封面无泄漏。

d. 配药箱、加药箱磁翻转液位计指示灵活、准确,高、低液位报警正常。

e. 配药箱、加药箱磁翻转液位计出入口阀门开关灵活,阀门填料、阀盖、阀门法兰密封无泄漏。

f. 加药泵在运行压力 0.69 MPa 下声音正常,无振动,流量为 0~9.5 L/h,流量调节灵活、稳定,泵体密封无泄漏,出入口阀门开关灵活,阀门填料、阀盖、阀门法兰(活结)密封无泄漏。

g. 各加药管道、阀门支架、吊架、卡子牢固,运行无振动,法兰(活结)密封无泄漏。

h. 配药箱、加药箱、电动搅拌器、加药泵、阀门、管道等表面干净,涂漆色泽正确、完整,设备铭牌标识完整、清晰。

i. 检修现场地面无检修垃圾,无水、油、药渍。

j. 将设备检修、改进、材料备品更换等情况以书面报告形式交于运行值班人员,解除检修设备与运行设备的隔离,恢复完整运行系统,经运行值班人员签字验收后完成整个检修计划。

4.2 除盐水叠片过滤器检修

4.2.1 设备概况

盘式过滤器的核心技术在于利用了盘片式过滤机理,即通过互相压紧的表面刻有沟纹的塑料盘片实现表面过滤与深度过滤的结合;通过巧妙设计的过滤装置实现过滤、反洗自动切换、循环往复的工艺过程。叠片过滤器相关参数见表 4-3。

表 4-3　叠片过滤器参数

项目	参数
投产日期	2018 年 2 月
型号	2SK
规格	2 μm
生产厂家	BOWNT

说明:该叠片过滤器为原水预处理阶段设备。

4.2.2 检修周期及检修项目

(1)检修周期

① 大修每 5~8 年进行一次。

② 小修每两年进行一次。

③ 设备运行状态异常时,随时检修。

(2)检修项目

① 修补内外部防腐层。

② 清理内部沉积物。

③ 检查更换滤芯。

4.2.3　检修准备工作

① 工作准备:办理相关工作票,检修前查阅安全规程了解有关安全要求,制订检修设备安全技术措施。过滤器外壳和内部所有物件不准放置于现场,防止损伤或丢失;所有物件远离高温存放,防止老化、变形;叠片要用软布包裹,防止损伤。

② 备件及耗材准备:密封件、塑料布、白布、毛刷、PVC 胶等。

③ 工器具准备:活扳手。

4.2.4　检修工艺要求

① 检查过滤器塑料外壳表面有无裂纹;密封面应完整,无径向划痕。

② 叠片逐片用清水冲洗干净,表面沟槽使用软性尖细器物轻轻清理,防止损伤;叠片不得有裂纹、缺损、变形,否则需要更换。

③ 清洗、疏通喷嘴,检查喷嘴有无破损、堵塞现象。

④ 排气阀、排污阀解体清洗、疏通,检查阀座表面应光洁、无损伤,阀芯(隔膜)表面应光洁、无损伤、无破裂、无老化现象,阀座与阀芯(隔膜)密封严密,手动调节灵活自如。

4.3　除盐水超滤设备检修

4.3.1　设备概况

超滤(Ultra-filtration, 简称 UF)是一种能将溶液进行净化和分离的膜分离技术,它采用中空纤维结构,以超滤膜为过滤介质,以膜两侧的压力差为驱动力,以机械筛分原理为基础的溶液分离过程,可以去除水中的胶体微粒、悬浮物、细菌及大分子有机物等杂质。超滤膜孔径范围为 0.005~0.01 μm,运行压力通常为 0.1~0.3 MPa。超滤设备参数见表 4-4。

表 4-4　超滤设备参数

项目		参数
超滤	设备名称	超滤膜组件
	型号	Liqui-FluxW10
	规格	产水流量 $Q=3.2$ m³/h,1 支,回收率 90%
	生产厂家	MEMBERANA

续表

项目		参数
滤膜	滤膜类型	中空纤维结构,内压式
	滤膜材料	改性聚醚砜
	截留分子量标称值	80 kDa
	外径/内径	1.2 mm/0.8 mm
	爆破压力	≥1200 kPa
	滤膜纤维结构	采用 Multifiber P.E.T 技术
外壳	外壳材料	PVC
	封装材料	聚氨酯
	端盖密封圈材料	EPDM,O-ring
	接头	可变连接方式
	膜元件质量	51 kg
	运行重量	150 kg
	有效滤膜面积	75 m^2
	最大工作压力	600 kPa(在 20 ℃时)
	最高工作温度	40 ℃(在 400 kPa 下)
	清洗时的 pH 值范围	1~13

4.3.2 检修周期及检修项目

(1) 检修周期

① 大修每 5~8 年进行一次。

② 小修每两年进行一次。

③ 设备运行状态异常时,随时检修。

(2) 检修项目

① 疏通清理管道、阀门,检查修补外部防腐。

② 检查膜元件的污染情况。

③ 清理内部沉积物,检查修补膜丝断丝。

④ 检查系统严密性,消除缺陷。

4.3.3 检修准备工作

① 工作准备:办理相关工作票,工作人员学习危险点分析及预防控制措施;取放滤膜过程要做到轻拿轻放,避免人为原因损坏滤膜。

② 备件及耗材准备:滤膜、塑料布、白布、医用乳胶手套等。

③ 工器具准备:活扳手、手电筒等。

4.3.4　检修工艺要求

① 检查超滤内部出入口装置有无变形,表面有无裂纹、破损,固定螺丝应牢固。

② 冲洗超滤过滤芯棒筒内部污物直至干净,检查过滤芯棒筒表面是否光洁,不得有裂纹、划痕、锈蚀,否则需要焊补、打磨、抛光,恢复其表面光洁。

③ 过滤器上盖与过滤器密封面上的污物应清理干净,检查密封面,不得有裂纹、径向划痕、锈蚀,密封面应完整、光洁。

④ 冲洗超滤内外部污物直至干净,检查超滤外部表面是否完整,不得有裂纹、破损。

4.4　除盐水保安过滤器检修

4.4.1　设备概况

系统在反渗透装置前设置 5 μm 保安过滤器,其作用是截留预处理系统产水中大于 5 μm 的颗粒物进入反渗透系统。这种颗粒经高压泵加速后可能击穿反渗透膜组件,同时划伤高压泵的叶轮。过滤器中的滤芯为可更换滤芯,过滤器进、出口压差大于设定值时应当更换。保安过滤器相关参数如下:

投产时间:2018 年;

规格:$Q = 9.81$ m³/h,过滤精度为 5 μm,30 英寸 1 芯,型号为 S30408;

说明:该 5 μm 保安过滤器为反渗透处理阶段设备。

4.4.2　检修周期及检修项目

(1) 检修周期

① 大修每两年进行一次。

② 小修每年进行一次。

③ 设备运行状态异常时,随时检修。

(2) 检修项目

① 疏通清理管道、阀门,检查腐蚀情况。

② 清理保安过滤器内部沉淀物,检查更换滤芯,检查进出水装置。

③ 检查系统严密性,修整铭牌、修补油漆。

4.4.3　检修准备工作

① 工作准备:办理相关工作票,工作人员学习危险点分析及预防控制措施,取放滤芯时要做到轻拿轻放,避免人为原因损坏滤芯。

② 备件及耗材准备:滤芯、塑料布、白布、医用乳胶手套等。

③ 工器具准备:活扳手、手电筒等。

4.4.4　检修工艺要求

①　检查过滤器出入口及内壁表面有无裂纹,应光滑、无破损。

②　冲洗过滤器过滤芯棒筒内部污物直至干净,检查过滤芯棒筒表面是否光洁,不得有裂纹、划痕、锈蚀,否则需要更换。

③　过滤器上盖与过滤器密封面上的污物应清理干净,检查密封面,不得有裂纹、径向划痕、锈蚀,密封面应完整、光洁。

④　冲洗过滤芯棒内外部污物直至干净,检查过滤芯棒内外部表面是否完整,不得有裂纹、破损和污物堵塞,否则需要更换。

4.5　除盐水反渗透装置检修

4.5.1　设备概况

反渗透装置是最精细的一种膜分离产品,它可以截留几乎所有的溶解性盐和分子量在 100 以上的有机物,而只允许水分子通过;一般采用醋酸纤维类材质或聚酰胺类材质,醋酸纤维膜反渗透脱盐率一般在 95% 左右,聚酰胺类材质反渗透膜脱盐率一般在 97% 左右,单支膜的脱盐率能达到 99.5%。反渗透的应用范围为海水淡化、苦咸水淡化、高纯水制备、饮用纯净水生产、废水回用、特种分离等。反渗透装置的运行压力一般在 1~7 MPa,其设备参数见表 4-5。卷式反渗透膜元件结构见图 4-1,膜组件结构见图 4-2。

表 4-5　反渗透装置设备参数

设备名称	型号	规格	生产厂家
一级反渗透膜组件	膜型号:BW30FR-400/34	Q=7.85 m³/h,9 支,回收率 80%	DOW
二级反渗透膜组件	膜型号:BW30HRLE-440	Q=6.67 m³/h,8 支,回收率 85%	DOW

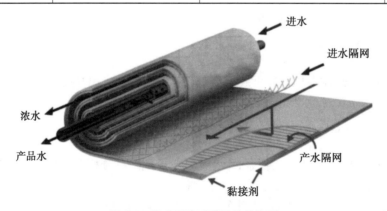

进水

进水隔网

浓水

产品水

产水隔网

黏接剂

图 4-1　卷式反渗透膜元件结构图

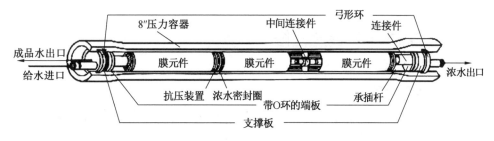

图 4-2　膜组件结构图

4.5.2　检修周期及检修项目

（1）检修周期

① 大修每 2~3 年进行一次。

② 小修每年进行一次。

③ 设备运行状态异常时，随时检修。

（2）检修项目

① 管路内外防腐检查处理。

② 更换各分段膜元件，压力容器、防爆膜检查或更换。

③ 反渗透支架、紧固件、夹具及其他附件检查、防腐处理。

④ 附属电气、仪表检修。

4.5.3　检修准备工作

① 工作准备：办理相关隔离工作票，工作人员学习危险点分析及预防控制措施。

② 备件及耗材准备：PVC 管道、膜元件、密封圈、塑料布、白布、PVC 胶、毛刷、锯条等。

③ 工器具准备：剪刀、锯弓、卡簧钳、手电筒、活扳手等。

4.5.4　检修工艺要求

① 清洗、检查反渗透膜壳，应无变形，表面应无裂纹、破损，内部应光洁、无结垢。

② 冲洗反渗透膜芯，检查反渗透膜芯应完整无破损、无结垢。

③ 用反渗透水配置含 1% 食品级 SMBS（未经钴活化过）的标准保护液，将膜芯浸泡在标准保护液中 1 h，膜芯应垂直放置，以便赶走膜芯内的空气，然后将膜芯沥干，放置在能隔绝氧气的塑料袋中保存，在塑料袋外面编注号码，放置在干燥环境，避免阳光直射，环境温度控制在 −4~45 ℃。

④ 反渗透膜芯安装时按编号顺序依次进行，安装过程中应轻轻放置，避免损坏。

⑤ 更换反渗透膜壳密封盖"O"形密封圈时，密封圈安装应平整且完全进入密封槽内。

⑥ 检查、更换各反渗透膜壳出入口连接法兰密封垫。

4.6 除盐水 EDI 装置检修

4.6.1 设备概况

EDI 技术是离子交换和电渗析技术相结合的产物,因此,EDI 除盐机理具有很强的离子交换和电渗析工作特征。

离子交换除盐过程:所谓离子交换就是水中离子和离子交换树脂上的功能基团所进行的等电荷反应。它利用阴、阳离子交换树脂上的活性基团对水中阴、阳离子的不同选择性及吸附特性,在水与离子交换树脂接触的过程中,阴离子交换树脂中的氢氧根离子(OH^-)与溶解在水中的阴离子(如 Cl^- 等)交换,阳离子交换树脂中的氢离子(H^+)与溶解在水中的阳离子(如 Na^+ 等)交换,从而使溶解在水中的阴、阳离子被除去,达到纯化的目的。

电渗析脱盐过程:电渗析技术利用了多组交替排列的阴、阳离子交换膜,这种膜具有很高的离子选择透过性,阳膜排斥水中阴离子而吸附阳离子,阴膜排斥水中的阳离子而吸附阴离子。在外直流电场的作用下,淡水室中的离子做定向迁移,阳离子穿过阳膜向负极方向运行,并被阴膜阻拦于浓水室中;阴离子穿过阴膜向正极方向运动,并被阳膜阻拦于浓水室中,从而达到脱盐的目的。

EDI 装置参数见表 4-6。

表 4-6　EDI 装置参数

设备名称	型号	规格	生产厂家
EDI 膜组件	MK-3	产水流量 $Q=6\ m^3/h$,2 块,回收率 90%	GE

4.6.2 检修周期及检修项目

(1)检修周期

① 大修每 5~8 年进行一次。

② 小修每两年进行一次。

③ 设备运行状态异常时,随时检修。

(2)检修项目

① 管道、阀门疏通清理。

② 模块检查,脱盐率不合格的模块进行更换。

③ 框架、基座、支架、紧固件、夹具及其他附件检查。

④ 整流器清扫,二次回路检查及送电实验。

4.6.3 检修准备工作

① 检查 EDI 装置上配置的低压开关和各种配电器、变送器、监测仪表、电动阀等是否已停电,在启停开关旁挂"禁止操作,有人工作!"警示牌。

② 确保 EDI 装置入口、出口总阀门和连接清洗系统的手动入口、出口总阀门已关闭且严密,如不严密,要加装盲板。检查 EDI 装置每个模块入口、出口阀门及排水阀是否打开,并有积水流出。

③ EDI 装置上配置的各种配电器、变送器、监测仪表、电动阀等要联系电气、控仪专业人员拆除检查、调校并保管。模块上输入电源阴、阳极接头由电气人员做好标记。

④ 解体模块时按书面图示记录阳膜、单元腔、阴膜安装顺序,拿取阳膜、阴膜时严禁生拉硬拽,防止损坏。

4.6.4　检修工艺要求

① 清洗、检查 EDI 装置模块端板、单元腔应无变形,表面无裂纹、破损,内部应光洁、无结垢。

② 冲洗阳膜、阴膜,检查阳膜、阴膜是否完整无破损、无结垢,并平整安装于单元腔面上。

③ 检查更换端板与单元腔间"O"形密封圈有无老化、破损,密封圈应安装平整,完全进入密封槽内。

④ 清洗、检查树脂,应无破损、无污染,装入单元腔内时使用干净器具,装入的数量应充足。

⑤ 模块端板紧固螺栓时,要间隔进行,适当用力。模块在运送、移动和安装后,要检查端板紧固螺栓是否松脱,防止泄漏。

⑥ 清理检查模块端板上的输入电源阴、阳极接头孔,应无污堵、腐蚀、电击损伤。

⑦ 清理检查模块出入口丝头(活结),应无污堵、损伤,密封圈应无老化、破损,且安装平整。

4.7　除盐水清洗系统检修

4.7.1　设备概况

清洗装置是为恢复膜元件通量而设置的,虽然定时的反冲洗能较好地维持膜性能的相对稳定,但反冲洗不能使通量恢复到 100%。随着膜组件工作时间的延长,膜污染会不断加重,膜通量会由于有机/无机污染物的积累而降低,这时就需要进行化学清洗。清洗系统设备参数见表 4-7。

表 4-7　清洗系统设备参数

设备名称	型号	规格	生产厂家
清洗水箱		体积 $V=500$ L, 直径 $\phi800$, PE	
清洗泵	CRN10-4	流量 $Q=8$ m³/h, 扬程 $H=0.4$ MPa, 电动机功率 $P=1.5$ kW	GRUNDFOS
清洗过滤器	S31603	流量 $Q=8$ m³/h, 过滤精度 5 μm, 30″5 芯	

4.7.2　检修周期及检修项目

（1）检修周期

① 大修每 2~3 年进行一次。

② 小修每年进行一次。

③ 设备运行状态异常时，随时检修。

（2）检修项目

① 管道、阀门疏通清理与检查，更换密封件。

② 溶液箱底部及箱壁沉积物清理，液位计检查。

③ 清洗过滤器，更换滤芯，清理筒内污物。

④ 清洗泵解体，检查泵体、叶轮、泵轴、机械密封、轴承等，测量各部件间隙。

⑤ 检查设备运行过程中存在的缺陷等。

4.7.3　检修准备工作

① 工作准备：办理工作票，工作人员学习危险点分析及预防控制措施。将相关设备进行有效隔离，如隔离不严需加装堵板。

② 备件及耗材准备：泵体备件、液位计、擦布、塑料布、黄油、白布、毛刷等。

③ 工器具准备：百分表、游标卡尺、内径千分尺、框式水平仪、液压轴承取出器、铜棒等。

4.7.4　检修工艺要求

① 检查清洗溶液箱内部表面，应无裂纹、气泡、磨损，箱盖、人孔盖、出入口法兰等密封面应完整，无裂纹、气泡、磨损及径向划痕。

② 检查清洗溶液箱液位计是否正常，液位指示数据是否完整、清晰。

③ 检查过滤器内部，应无变形，表面应无裂纹、杂物。

④ 冲洗过滤器滤芯内部污物直至干净，检查过滤芯棒筒表面是否光洁，不得有裂纹、划痕、锈蚀，否则需要更换。

⑤ 过滤器上盖与过滤器密封面上的密封物应清理干净，检查密封面，不得有裂纹、径向划痕、锈蚀，密封面应完整、光洁。

⑥ 检查泵腔体表面应光洁，无裂纹、磨损，泵体轴承座表面应光滑，无轴向划痕。

⑦ 检查泵轴表面应无腐蚀、裂纹，弯曲度小于 0.04 mm；叶轮表面应无腐蚀、裂纹，内部无淤塞；密封环、轴套无变形、破损现象；轴承工作面应光滑，无裂纹、斑点、锈蚀，转动灵活、平稳，否则要更换。

⑧ 清理检查填料盖、填料环，更换填料和各密封圈、密封垫。

⑨ 检查各部件配合间隙，安装轴与轴承配合间隙应为 0~0.03 mm，叶轮与轴配合间隙应为 0.02~0.03 mm，轴与轴套配合间隙应为 0.02~0.03 mm，轴承座与轴承配合间隙应为 0.01 mm。

⑩ 泵体与电机联轴器之间应保持一定的间隙，联轴器端面间隙转动一周最大值和

最小值之差应不超过 0.3 mm,联轴器外圆上下、左右的差别不超过 0.1 mm。

⑪ 手动旋转泵轴,应灵活、无杂音,轴向窜动不超过 1 mm。

4.8　除盐水水泵类检修

4.8.1　设备概况

各种除盐水水泵类设备参数见表 4-8。

表 4-8　除盐水水泵类设备参数

序号	名称	型号	规格	厂家
1	原水泵	CR3-7	$Q=3.5$ m³/h,$H=0.3$ MPa,变频, 电动机 $P=0.55$ kW	GRUNDFOS
2	反洗水泵	CR20-2	$Q=17$ m³/h,$H=0.2$ MPa, 电动机 $P=2.2$ kW	GRUNDFOS
3	RO 给水泵	CR10-4	$Q=9.81$ m³/h,$H=0.3$ MPa, 电动机 $P=1.5$ kW	GRUNDFOS
4	一级高压给水泵	CRN15-9	$Q=13.41$ m³/h,$H=1.1$ MPa,变频, 电动机 $P=7.5$ kW	GRUNDFOS
5	二级高压给水泵	CRN10-9	$Q=8.95$ m³/h,$H=0.7$ MPa,变频, 电动机 $P=3.0$ kW	GRUNDFOS
6	EDI 给水泵	CRN5-11	$Q=6.67$ m³/h,$H=0.5$ MPa,变频, 电动机 $P=2.2$ kW	GRUNDFOS
7	纯水输送泵	CRN5-7	$Q=6$ m³/h,$H=0.5$ MPa,变频, 电动机 $P=1.1$ kW	GRUNDFOS
8	清洗泵	CRN10-4	$Q=8$ m³/h,$H=0.4$ MPa, 电动机 $P=1.5$ kW	GRUNDFOS

4.8.2　检修周期及检修项目

(1) 检修周期

① 每两年进行一次。

② 水泵运行状态出现异常时,随时检修。

(2) 检修项目

① 水泵解体。

② 检查更换泵体、叶轮、泵轴、机械密封、轴承、机油等。

③ 测量、调整水泵各部间隙。

④ 水泵找中心。

4.8.3　检修准备工作

① 鉴于各功能水泵出入口管道并联或串联,泵体检修前应根据工作需要,与运行

值班人员确定检修指定编号的水泵或需要检修的水泵。

② 检查水泵入口、出口阀门是否关闭且严密,如不严密,要加装盲扳。检查水泵排气阀是否打开并有余气、积水流出;加药泵流通部分要用清水冲洗至无毒、无味;压力表指示应为零。应对出入口阀门密封面进行包裹保护,防止划伤。

③ 检查水泵是否已停电,在启停开关旁挂"禁止操作,有人工作!"警示牌;拆卸、移动电机前,电机电源线必须拆除并编号包扎;拆卸的电机要安全、妥善地保管。电机如存在问题,应进行检修。

④ 备件及耗材准备:各水泵配套的轴承、机封、泵轴、叶轮、"O"形圈等,黄油、塑料布、金相砂纸、擦布、密封胶等。

⑤ 工器具准备:钢丝绳、吊鼻、吊带、倒链、百分表、游标卡尺、内径千分尺、框式水平仪、液压拉马、铜棒、手锤、螺丝刀、扁铲、V 形铁等。

4.8.4 检修工艺要求

① 清理检查泵头内外部表面,应光洁,无裂纹、磨损;泵头前后密封面应完整、无径向划痕,否则应打磨、焊补或更换。

② 清理检查叶轮表面,应光洁,无腐蚀、裂纹和内部堵塞,否则应打磨、焊补或更换。

③ 清理检查机械密封动、静环表面,应光洁,无裂纹、破损、严重磨损减薄,否则要更换;清理检查机械密封动环弹簧表面,应光洁,无裂纹、断裂、弹性降低,否则要更换;机械密封动、静环与泵轴之间密封圈要更换。

④ 清理检查轴承端盖与泵体密封面,应光洁,无裂纹、径向划痕,否则应打磨或更换;轴承端盖与泵轴密封装置(油封或毛毡)要更换,密封装置安装(镶嵌)应牢固。

⑤ 清理检查轴承内、外环表面,应光洁,无裂纹、腐蚀、坑点;球珠表面应光洁,无腐蚀、坑点;内、外环与球珠配合紧密,手动旋转应灵活无杂音,否则要更换。

⑥ 清理检查泵轴表面,应光洁,无腐蚀、裂纹,弯曲度小于 0.04 mm,否则应打磨、矫正或更换。

⑦ 清理检查泵体内外部表面,应光洁,无裂纹;检查轴承端盖前后密封面表面应光洁,无径向划痕;轴承前后配合密封面表面应光洁,无径向划痕,否则应打磨。

⑧ 检查联轴器是否完整,内外部表面应光洁,无裂纹、破损。

⑨ 轴承适当加温安装于泵轴上,泵轴与轴承配合间隙为 0.00~0.03 mm,手动旋转轴承应灵活、无杂音。

⑩ 泵轴与轴承安装于泵体时,可使用软铜棒撞击泵轴,泵体与轴承配合间隙为 0.01~0.02 mm。

⑪ 轴承端盖与泵体密封良好,轴承端盖与轴承之间的间隙为 1~2 mm(即轴向窜动)。

⑫ 机械密封要牢固地安装于泵轴上,动环密封面应垂直于泵轴,静环固定螺丝松紧适度,保持与动环的良好接触。

⑬ 叶轮安装于泵轴时,可使用软铜棒撞击叶轮,叶轮与泵轴配合间隙为 0.02~

0.03 mm,手动旋转应无摇摆或摩擦杂音。

⑭ 联轴器防护罩安装牢固,强度达到防护要求。

4.9　除盐水水箱检修

4.9.1　设备概况

各水箱参数见表4-9。

表 4-9　各水箱参数

序号	名称	材质	规格
1	原水箱	S30408	$V=3 \ m^3, \phi=1600 \ mm$
2	超滤产水箱	S30408	$V=3 \ m^3, \phi=1600 \ mm$
3	RO 产水箱	S30408	$V=3 \ m^3, \phi=1600 \ mm$
4	EDI 产水箱	S30408	$V=7 \ m^3, \phi=1800 \ mm$
5	清水箱	PE	$V=500 \ L, \phi=800 \ mm$
6	还原剂加药箱	PE	$V=200 \ L, \phi=580 \ mm$
7	阻垢剂加药箱	PE	$V=100 \ L, \phi=460 \ mm$
8	碱加药箱	PE	$V=500 \ L, \phi=800 \ mm$
9	纯水碱加药箱	PE	$V=100 \ L, \phi=460 \ mm$

4.9.2　检修周期及检修项目

（1）检修周期

① 大、小修每2~3年进行一次。

② 设备运行状态异常时,随时检修。

（2）检修项目

① 水箱底部沉积物清理。

② 水箱液位计检查、维护。

③ 水箱所属管道、阀门检修。

④ 水箱外壁、放水阀、吸气罩等的维护。

4.9.3　检修准备工作

① 工作准备:办理相关隔离工作票,工作人员学习危险点分析及预防控制措施。水箱内部积液排放干净后方可进入,且进入人员配备必要的防毒面具和劳动护具。

② 备件及耗材准备:液位计、开关、阀门、白布、擦布、塑料布、熟胶皮、毛刷、清洗剂、医用乳胶手套等。

③ 工器具准备:扳手、钢丝刷、扁铲、手电筒等。

4.9.4 检修工艺要求

① 检查清洗水箱内部表面应无裂纹、气泡、磨损,箱盖、人孔盖、出入口法兰等密封面应完整,无裂纹、气泡、磨损及径向划痕,否则应进行修补。

② 检查清洗磁翻转液位计内部浮球应完整、无破损,升降通道应光洁、无堵塞,磁性滚珠应光滑、无破损、无卡涩,液位指示数据应完整、清晰。

③ 清理检查水箱出入口,排污手动阀门应完好,开关活动应灵活、无渗漏。

④ 检查各管道振动、防磨情况,对松动的管道进行加固、加防磨垫。

第5章　调相机外循环水系统检修规程

5.1　调相机循环水泵检修

5.1.1　设备概况

循环水泵的选型包含水泵流量的计算和水泵扬程的计算两部分。由于水泵流量取决于调相机冷却器的要求,因此,其计算主要为泵扬程的计算。水泵扬程主要由管路沿程损失、局部损失、调相机冷却器压损、空冷器压损、冷却塔压损等组成。

外冷系统循环水泵参数见表 5-1。

表 5-1　外冷系统循环水泵参数

序号	项目	单位	参数
1	型号		OMEGA200-320B
2	流量	m^3/h	565
3	额定扬程	m	32
4	转速	r/min	1480
5	数量	台	4
6	厂家		上海凯士比泵有限公司
7	出厂日期		2017 年 6 月

5.1.2　检修周期及检修项目

（1）检修周期

① 大修每 5~8 年进行一次。

② 小修每年进行一次。

③ 设备运行状态异常时,随时检修。

（2）检修项目

① 检查联轴器中心情况。

② 检查叶轮,测量叶轮口环尺寸。

③ 检查转子晃度。

④ 检查密封环,测量其内部尺寸。

⑤ 检查泵体内部磨损及气蚀情况。

⑥ 清理轴承座,更换轴承,更换机械密封。

5.1.3 检修准备工作

① 工作准备:办理工作票,工作人员学习作业危险点分析及预防控制措施。

② 备件及耗材准备:泵轴、叶轮、轴套、密封环、机械密封、轴承、青稞纸、擦布、塑料布、砂纸、清洗剂、白布、黄油、记号笔、笔记本等。

③ 工器具准备:钢丝绳、吊环、扳手、内六角扳手、紫铜棒、锉刀、手锤、百分表、撬棍、张口钳、轴承加热器、液压拉马、V形铁、剪刀、黄油枪、塞尺、游标卡尺、外径千分尺等。

5.1.4 检修工艺要求

① 拆卸对轮防护罩,拆除对轮连接螺栓,测量对轮中心。(修前中心:圆周≤0.05 mm,端面≤0.05 mm)

② 松开机械密封压盖螺丝,取出定位钉,拆卸结合面螺栓。

③ 轴承解体,测量轴承紧力和结合面垫子厚度。

④ 测量叶轮与密封环径向间隙、卸压套与轴套之间的间隙、结合面垫子厚度。(密封环间隙为 0.50~0.75 mm,最大不超过 1.1 mm,卸压套间隙为 0.3~0.5 mm)

⑤ 将转子吊至检修场地,用液压拉马将靠背轮、轴承依次取下,用张口钳取下挡圈、密封圈、机械密封压盖、动静环、卸压套、密封环等。

⑥ 将转子两侧用 V 形铁支撑,测量转子各处晃度(最大晃度≤0.03 mm)。

⑦ 清理叶轮、密封环、定位套、机械密封套、卸压套、轴套、背帽、机械密封压盖、轴颈、挡尘板、键、轴承盒、对轮等,修理损坏部件。

⑧ 检查叶轮、叶片、轴套、泵上下壳结合面的汽蚀情况,查看有无裂纹和其他损伤。

⑨ 清理修整全部螺栓。清理各部件后测量叶轮与密封环、卸压套与轴套间隙,以及泵轴弯曲度。

⑩ 将叶轮、键、定位套、机械密封套装在轴上,旋紧两端背帽。

⑪ 将密封环、机械密封动静环、轴承压盖、挡尘环装在转子上。

⑫ 将外壳装上,加入约轴承室空间 2/3 量的润滑脂。

⑬ 转子就位及测量,复装上盖。

⑭ 对轮找中心。

5.2 机力通风塔风机检修

5.2.1 设备概况

为了控制外冷循环冷却水的温度,机力通风塔风机运行时,根据冷却水温度传感器发出的信号确定室外换热设备投入运行的风机数量及风机转速,以保证机力通风塔换热设备处于最佳运行工况,并维持供水温度稳定。

机力通风塔风机减速机参数见表 5-2。

表 5-2 机力通风塔风机减速机参数

序号	项目	单位	参数
1	型号		MSRD235A
2	输入功率	kW	≤30
3	转速比		4.42
4	输入转速	r/min	980
5	质量	kg	346
6	数量	台	4
7	厂家		上海尔华杰机电装备制造有限公司
8	出厂日期		2017 年 9 月

5.2.2 检修周期及检修项目

(1)检修周期

① 大修每 5~8 年进行一次。

② 小修每年进行一次。

③ 设备运行状态异常时,随时检修。

(2)检修项目

① 风机与电机找中心。

② 检查风机风扇叶片是否变形,固定螺栓是否松动,进行叶片角度修正。

③ 减速机异音解体检修,更换减速机齿轮油。

④ 检查风机减速机与电机两侧靠背轮对轮螺栓及弹性抗圈。

5.2.3 检修准备工作

① 工作准备:办理相关工作票,工作人员学习危险点分析及预防控制措施。

② 备件及耗材准备:轴承、抗圈、对轮螺栓、轴承、齿轮、油封、减速机润滑油、擦布、煤油、白布、耐油石棉垫、密封胶、塑料布、记号笔等。

③ 工器具准备:吊车、钢丝绳、吊鼻、吊环、扳手、百分表、撬棍、螺丝刀、角度规、紫铜棒、油桶等。

5.2.4 检修工艺要求

① 确认设备停运后将减速机二次线拆除,并做好记号。

② 拆卸减速机与风机对轮螺栓分别存放,复查中心。

③ 将短轴取下,复查各风扇叶片角度后拆卸减速机各风扇叶片,"U"形螺栓应妥善保管。

④ 拆卸减速机地脚螺栓,减速机放油至指定容器内,拆除减速机加油油位管。

⑤ 用吊车将减速机吊出至检修厂地。

⑥ 解体减速机,检查内部轴承、齿轮、各配合轴及骨架油封情况,必要时进行更换。

⑦ 用煤油清理各部件及减速机壳体内部,再按拆卸逆序进行组装。

⑧ 减速机就位后复装风机叶片,调整风机叶片倾斜角度及叶片与风筒间距(25～50 mm)。

⑨ 更换靠背轮抗圈,调整减速机与电机中心。

5.3 循环水电动滤水器检修

5.3.1 设备概况

JSLS 型电动滤水器的清洗、排污过程是在设备运行过程中自动进行的,在反冲洗排污的同时,仍能进行过滤操作,不影响正常供水。电动滤水器的滤芯为不锈钢材质,滤水器设旁路配置,以便可以在线维护或检修主滤水器。为监测主滤水器的污堵程度以确定滤水器是否需要维护,应在主滤水器上设置差压传感器,同时,滤水器进、出口均设有阀门以便在主循环泵停运时更换或清洗滤水器,无需损失太多冷却介质。滤水器顶部设有手动排气阀,底部设置手动放空阀。

电动滤水器参数见表 5-3。

表 5-3 电动滤水器参数

序号	项目	单位	参数
1	型号		LWW12450-1695S
2	额定流量	m^3/h	565
3	过滤精度	目	10
4	工作压力	MPa	1.0
5	通流倍率		4
6	净重	t	1.12
7	厂家		广州高澜节能技术股份有限公司
8	出厂日期		2017 年 9 月

5.3.2 检修周期及检修项目

(1)检修周期

① 大修每 5～8 年进行一次。

② 小修每年进行两次。

③ 设备运行状态异常时,随时检修。

（2）检修项目

① 电动滤水器减速机检查。

② 盘根室更换盘根。

③ 内部壳体及滤网清理。

④ 转动轴轴承更换,滤网密封件更换。

5.3.3　检修准备工作

① 工作准备:办理相关隔离工作票,工作人员学习危险点分析及预防控制措施。

② 备件及耗材准备:轴承、盘根、减速机润滑油、滤网、密封件、擦布、黄油、松动剂、塑料布等。

③ 工器具准备:高压清洗机、扳手、螺丝刀、强光手电、手锤、吊装带、壁纸刀、卡尺、剪刀、油桶等。

5.3.4　检修工艺要求

① 拆除电动滤水器电机电源线,拆除热控、温度、压力等信号线。

② 拆除电机与减速机连接螺栓,将滤水器电机拆下,拆除减速机与滤水器上支架连接螺栓,卸下减速机。

③ 拆除主轴盘根室上盖,用盘根钩子将盘根扣出。

④ 打开电动滤水器检修人孔门,通过人孔门将滤网底部螺栓拆除,并将滤网取出,检查滤网脏污、损坏情况。

⑤ 用高压清洗机清洗滤网及滤水器内部腔室,将杂物清理干净。

⑥ 打开下轴承室端盖,检查内部润滑脂及轴承情况,并重新更换新的润滑脂。

⑦ 清理检查完成后按拆卸逆序安装。回装新盘根时注意盘根两斜口成 120°～180°布置。

⑧ 更换减速机箱内润滑油,调整减速机与电机之间的中心。

第6章 调相机电动机检修规程

6.1 低压交流电动机检修

6.1.1 设备概况

低压交流电动机参数见表6-1。

表6-1 低压交流电动机参数

序号	名称(交流电机)	功率/kW	数量/台	电压等级/V	厂家
1	润滑油泵	37	6	380	ABB
2	顶轴油泵机	11	6	380	ABB
3	排烟系统风机	2.2	6	380	江苏江海润液设备有限公司
4	润滑油排油泵	3	3	380	安徽皖南电机股份有限公司
5	润滑油补油泵	3	1	380	安徽皖南电机股份有限公司
6	润滑油滤油机	5.5	3	380	PALL
7	盘车	15	3	380	西门子
8	定子冷却水泵	30	6	380	ABB
9	转子冷却水泵	18.5	6	380	ABB
10	循环水泵	55	4	380	ABB
11	机力通风塔风机	18.5	4	380	Weg
12	电动滤水器	2.2	3	220	浙江宝阳
13	工业水泵	7.5	2	380	沈阳市第三水泵厂
14	循环泵房排污泵	1.1	2	380	上海阳光泵业
15	除盐水原水泵	0.55	2	380	GRUNDFOS
16	除盐水反洗水泵	2.2	2	380	GRUNDFOS
17	RO给水泵	1.5	2	380	GRUNDFOS
18	一级高压泵	7.5	2	380	GRUNDFOS

续表

序号	名称(交流电机)	功率/kW	数量/台	电压等级/V	厂家
19	一级高压泵	3.0	2	380	GRUNDFOS
20	EDI 给水泵	2.2	2	380	GRUNDFOS
21	纯水输送泵	1.1	2	380	GRUNDFOS
22	清洗泵	1.5	2	380	GRUNDFOS
23	转子膜碱化循环泵	1.1	6	220	威乐水泵电机有限公司
24	转子膜碱化加药泵	0.022	3	220	米顿罗
25	定子加碱注射泵	0.08	3	220	米顿罗
26	还原剂加药箱	0.25	1	220	米顿罗
27	还原剂计量泵	0.022	2	220	米顿罗
28	阻垢剂加药箱	0.25	1	220	米顿罗
29	阻垢剂计量泵	0.022	2	220	米顿罗
30	碱加药箱	0.25	1	220	米顿罗
31	碱计量泵	0.022	2	220	米顿罗
32	纯水碱加药箱	0.25	1	220	米顿罗
33	纯水碱计量泵	0.022	2	220	米顿罗
34	杀菌剂计量泵	0.5	2	220	米顿罗
35	缓蚀剂计量泵	0.5	2	220	米顿罗

6.1.2 检修周期及检修项目

（1）检修周期

① 大修每 5~8 年进行一次。

② 小修每年进行一次。

③ 设备运行状态异常时,随时检修。

（2）检修项目

① 吹扫定子各部件积灰,清扫油污。

② 清扫定子端部绕组,并检查其绝缘状况。

③ 清扫检查定子引线端子盒及引线焊接是否牢固。

④ 清扫检查定子的铁芯、槽楔、通风孔有无过热、松动、堵塞。

⑤ 吹扫转子各部分的积灰污垢。

⑥ 清扫检查转子铁芯、通风槽、鼠笼条及短路环有无过热、堵塞、断线等。

⑦ 检查并清洗轴承,测量间隙是否合格,必要时更换轴承和润滑脂。

⑧ 检查电动机基础及电机机壳部件。

⑨ 吹扫、清理电机外部及进风滤网。

⑩ 电气预防性试验。

⑪ 电动机的组装、试运。

6.1.3 检修准备工作

① 工作准备:办理相关工作票,对设备进行有效隔离,工作人员学习危险点分析及预防控制措施。查看电动机的技术档案,了解上次检修情况及遗留问题。

② 备件及耗材准备:轴承、风扇、清洗剂、润滑剂、毛刷、绝缘胶带、记号笔、塑料布、白布、擦布等。

③ 工器具准备:倒链、手锤、紫铜棒、组合扳手、拉马、轴承加热器、塞尺、内径千分尺、撬棍、锉刀、弹簧钳、验电笔、行灯、吸尘器等。

6.1.4 检修工艺要求

低压交流电动机检修工艺及质量标准见表 6-2。

表 6-2 低压交流电动机检修工艺及质量标准

工艺步骤	检修工艺	质量标准
1. 检修前准备	(1) 查看电动机的技术档案,了解上次检修情况及遗留问题。	
	(2) 根据检修项目制订所需材料、备品及配件计划。	
	(3) 准备检修所需的专用工具,对起重设备或拆运工具进行认真检查。	
	(4) 记录电机铭牌参数、编号。	
	(5) 做好如下各项必要的间隙测量及电气试验: ① 测量轴封,轴承,定、转子间隙; ② 测定绝缘电阻; ③ 测定直流电阻; ④ 交流耐压试验。	
2. 设备解体	(1) 拆开电机的三相引线和接地线,三相短路并接地。	电缆头应做好记号,电缆头应有防湿措施,并固定在合适位置,以防损坏。
	(2) 在对轮与轴的配合位置做上记号。	
	(3) 拆下风扇罩及风扇。	
	(4) 分解式轴瓦先拆、吊上盖,提起带油环,松起轴瓦止动螺丝,拔出对缝销子,取出轴瓦拆、吊下盖。	对于大型电动机,由于转子和端盖都很重,在拆端盖时,要先将轴头用吊车吊紧或用千斤顶支起,使端盖尽量少受力;无端盖顶丝电机在拆卸时,注意不要碰坏端盖止口和定子绕组端部。

续表

工艺步骤	检修工艺	质量标准
2. 设备解体	(5) 根据电机结构特点,拆除有碍于抽转子的部件。	① 安置的道木、绳索假轴安全可靠,高度、长度适中,所接的假轴与转子应保持在同一直线,不可偏斜,以免影响抽出,在定子膛内松下转子搁放时,定、转子铁芯长度均不得小于铁芯本身长度的 1/3。转子应保持水平(或垂直)平稳、四周留有气隙,勿损伤、挤压轴颈线圈、铁芯、风扇等。 ② 线圈、笼条、轴颈、转子风扇、引线、连线在转子抽出的过程中不得受力。 ③ 抽转子所使用的绳索等起重工具要有足够的强度,应牢固无损,抽出的转子应放在适当的位置。
	(6) 根据电机结构特点、检修现场的环境和条件选择抽转子的方法。 ① 对于小容量电机,其转子可用手直接拉出,如果手力不够,可以在轴的一端套上一段管子将转子抽出。 ② 对于大容量的电机,可以采用以下方法: a. 轴颈部位用薄胶皮、白布或青壳纸包好,再套上内径与轴径相近的假轴。 b. 在吊车的大钩、小钩上分别挂上倒链和钢丝绳,同时吊起转子的两端。 c. 起吊中,两端用灯光法监视定、转子四周气隙是否一致,调整两端电葫芦,无问题后水平缓缓抽出转子。 d. 转子应顺利抽出,如不能一次抽出或需换位时,可松下假轴端,转子铁芯暂时搁在定子内膛铁芯上,但注意另一端的吊钩绳索不能松下或拉高。 e. 抽到假轴端轴承离开端线一定距离,不致压伤线圈两端即可同时缓慢松下转子落在道木上,转子两边垫块。 f. 拆除假轴,绳索重新用钢丝绳套在转子两端,平稳吊开转子,放好转子两边保险垫,轴颈涂油防潮、防锈,且遮盖好。	勿损坏线圈轴瓦油环及任何部位。
3. 清扫检查	(1) 解体后,对拆卸的各部件做一次原始状况的全面检查。	内外各部应无水、无灰、无油污、无遗留物、无异音。
	(2) 用低压(最高不超过 2.0×10^5 Pa)干燥清洁的(无油)压缩空气驱除不能接近的区域(如定子铁芯中的通风导管及绕组端匝中的通风道)中的松散灰尘和杂物颗粒,过高的空气压力会损坏绝缘件,并会把污物驱入不能接近的裂缝和裂隙中。用 SS-25 清洗剂清洗擦净电机各部位。	各部件应完整无损。

续表

工艺步骤	检修工艺	质量标准
4. 定子检修	(1) 检查定子线圈直线部分与铁芯处有无电焊、电腐蚀。	线圈完好、洁净，漆层完好，无水灰、油垢、脱皮、过热焦脆、灼痕。
	(2) 检查端部线圈绝缘及固定情况。	线圈应平滑、光亮，端箍紧固、不松动，无绝缘胀裂、脱落、变色、黄粉等异常现象。
	(3) 检查引线的固定是否牢固，是否有过热现象，引线鼻子是否压接牢固，有无断胶，绝缘是否完好。	引线固定牢固，绝缘良好，无过热断脱等现象。
	(4) 铁芯是否松动，是否有片间绝缘脱落，是否有烧损、过热及短路现象。	铁芯紧固、平整，各处绝缘良好，没有烧损，无短路和过热现象，铁芯各处干净，通风畅通。
	(5) 仔细检查槽楔是否松动，有无断裂、磨损等现象。	槽楔低于膛面，无松动、断裂、磨损、脱出现象。
	(6) 检查端盖是否有裂纹、变形、脱焊，端盖及机壳止口面是否平整、光滑，有无毛边，螺孔及销孔是否完好。	端盖无裂纹、变形、脱焊，止口面、螺孔、销孔完好。
5. 转子检修	(1) 检查鼠笼有无开焊、裂纹、断条现象，短路环是否断裂，铸铝有无熔化。	鼠笼无开焊、裂纹、断条现象，短路环无断裂，铸铝无熔化现象。
	(2) 检查铁芯有无过热现象，铁芯固定键是否牢固、有无位移，转子铁芯有无扫膛现象，外圆槽口有无烧伤痕迹。	铁芯完好，无过热、扫膛现象，铁芯固定键牢固，外圆槽口无烧伤痕迹。
	(3) 检查风扇叶有无缺损，有无松动、裂纹、弯曲、变色，平稳块有无松动现象。	风扇叶完好，无松动、变形等，平稳块固定可靠。
	(4) 检查轴颈表面是否光滑、平整，有无锈蚀。	轴颈表面光滑、整洁。
6. 轴承拆卸	(1) 冷拆时，使用专用扒力器将拉钩爪紧紧地扣住轴承内套，慢慢转动丝杆，将轴承卸下。	扒力器杆的顶点要对准轴的中心，扒力器保持平衡，拉动时用力要均匀。
	(2) 热拆时，用石棉布将轴承附近的轴表面包上，用火焊枪加热轴承内套，待轴承松脱后，将轴承卸下。	在用火焊枪加热轴承内套时，焊枪的火焰要大些，这样可使轴承的温升速度大于轴颈的温升温度，不使轴承与轴膨胀卡死。
7. 轴承清洗	(1) 用毛刷和清洗剂将轴承清洗干净。	清洗后，用白布擦净。
	(2) 清洗后用手转动轴承外圈，检查是否灵活、平衡，声音是否正常。	轴承应转动平衡，无杂音。
	(3) 对于双面封闭轴承，出厂时已涂封好润滑脂，不需要清洗和涂脂。	
8. 轴承检查	(1) 详细检查轴承的表面。	轴承表面应完好。
	(2) 检查轴承内、外圈有无划伤、凹坑、疤痕、脱皮和裂纹。	轴承内、外圈应光滑自如。
	(3) 检查珠架及珠架上的铆钉。	珠架不过于松动，铆钉牢固。

续表

工艺步骤	检修工艺	质量标准		

工艺步骤	检修工艺	质量标准
8. 轴承检查	(4) 使用保险丝(最好是 5 A)测量轴承间隙,方法如下:将保险丝塞入滚珠(柱)和跑道的间隙内,转动轴承外圈,将保险丝压扁,然后将压扁的保险丝从轴承内取出,用内径千分尺(0~25 mm)测其厚度,此厚度即为轴承的径向间隙。	<table><tr><td rowspan="2">轴承内径/ mm</td><td colspan="2">径向间隙/mm</td></tr><tr><td>新滚珠轴承</td><td>新滚柱轴承</td></tr><tr><td>18~30</td><td>0.007~0.013</td><td>0.009~0.018</td></tr><tr><td>30~50</td><td>0.008~0.015</td><td>0.012~0.020</td></tr><tr><td>50~80</td><td>0.010~0.020</td><td>0.012~0.025</td></tr><tr><td>80~120</td><td>0.010~0.025</td><td>0.014~0.030</td></tr><tr><td>120~150</td><td>0.018~0.030</td><td>0.020~0.035</td></tr></table>
9. 轴承装配	(1) 将轴颈表面整理光滑,并检查轴承、端盖轴承座配合表面是否光洁。	用 #0 砂纸将轴颈表面打磨光滑,无毛刺。
	(2) 检查轴颈尺寸是否正常,检查轴承内圈与轴颈配合公差及轴承外圈与端盖轴承室的配合公差。	轴颈如椭圆变形或紧力不够,应在轴颈处喷涂或镀涂。轴承内圈与轴颈配合是基孔制,轴承外圈与端盖轴承室配合是基轴制。
	(3) 装配滚动轴承时,先将内轴承盖涂上润滑脂套在轴上。装配轴承前应在轴颈上涂一层机油。	
	(4) 装配时,将有轴承型号的那一侧向外。	
	(5) 对于冷套配合的轴承可用干净的软金属管或短钢管套在轴上,用锤子对称轻敲,使轴承内圈均匀受力。	该管子的内径要比轴颈略大,管子的厚度约为轴承内圈的 2/3~5/4,管子要平整,两端与管身垂直,与轴承内圈端面的接触应紧密。
	(6) 对于热套轴承,将轴承放在机油中加热到 80 ℃左右,并保持 5 min,或用轴承加热器将其加热到 80 ℃左右,再迅速把轴承套在轴上。	煮轴承的机油要满过轴承,加热时温度不能上升太快,尤其是对于 60 mm 以上轴颈的轴承,以防轴承各处膨胀不一致引起破裂,一般将温度上升速度控制在半小时达到 60~70 ℃为宜,同时,轴承不能放在油盆底部,防止局部退火,降低它的硬度,应将其悬浮在油中。
	(7) 轴承装上后,使之自然冷却至常温,用清洗剂清洗,等清洗剂挥发后,再涂上润滑脂。工艺如下:将润滑脂放在一只手上,用另一只手的食指在手心捻一遍,确无杂物后,再将其抹入轴承内,不能用金属物往轴承内抹。	注入润滑脂时,应防止灰尘、水等杂物进入润滑脂中,润滑脂的注入量以轴承和轴承室的 1/3~1/2 为宜,一般不宜超过轴承室的 70%。
10. 滤网及通风孔清扫检查	用清洗剂清扫滤网,用刷子和压缩空气清理通风孔。	滤网及通风孔应无积垢、无破裂,畅通无阻。
11. 电气试验	(1) 测量定子线圈直流电阻。	相间电阻之差不超过 2%。
	(2) 测量定子线圈绕组绝缘电阻。	高压 6 kV 用 2500 V 摇表测量,低压 400 V 用 500 V 摇表测量。
	(3) 交流耐压试验。	

工艺步骤	检修工艺	质量标准
12. 设备回装	(1) 轴颈用薄胶皮、青壳纸包扎好后,确认转子两端的方位,将转子平稳地吊放在定子膛口外安放的道木上。	同抽转子各条。
	(2) 穿过定子内膛套上适当的假轴,将转子水平吊起,起吊中,需有专人用灯光监视,保持四周气隙一致,且缓慢地把转子装入膛内,转子穿入定子,待铁芯两端对齐后,方可同时缓慢松下,拆除假轴、绳索。	定、转子摆放平稳,定、转子中心对应。转子和定子前后端应一致,若需换位,应在定子膛内,且避免碰撞定子铁芯和线圈。
	(3) 回装电动机两侧的上、下轴瓦、油环,测量轴瓦间隙。	
	(4) 将端盖吊起,找正,使端盖逐渐均匀进入止口,打拢定位销,对称、均匀地拧紧螺丝。	
13. 电机验收	将电机组装后,进行验收。	① 零部件齐全,螺丝牢固。 ② 转动灵活,无卡涩现象。 ③ 现场与设备清洁良好。 ④ 记录齐全。
14. 复位	(1) 将电机平稳吊入,对准销孔,将螺孔缓缓落下,必要时可用撬棍拨正。	起吊平稳,勿碰伤设备、螺丝、电缆。
	(2) 检查各部分正常后,即可缓缓松下吊钩,交机械专业找正。	对轮间须留足间隙。
15. 接线及试运	(1) 按原记号接好引线,包扎绝缘。	接线时,要特别注意拧紧内部连线端子和端子之间的接触点、端子与主电缆之间的接点及连接片等。
	(2) 按规程上的要求加油。	试转电机时,应保证电机方向正确,三相电流平衡,无异音。
	(3) 检查冷却水管是否连接紧密。	
	(4) 试运电机。	方向应正确,如方向不正确,应互换其中任意两相。

6.1.5 干燥工艺

低压交流电动机的干燥工艺及质量标准见表6-3。

表6-3 低压交流电动机的干燥工艺及质量标准

干燥方法	干燥工艺	质量标准
直流加热法	(1) 此方法适用于直流电机和异步电机。 (2) 将三相绕组串联,通入低压直流电源。 (3) 在电路中串联变阻器,在接通、切断电源时,逐渐升高或降低电压。	电流不应超过额定电流的50%~70%。
交流加热法	(1) 此方法适用于异步电机和同步电机。 (2) 将转子抽出或堵转。 (3) 使用感应调压器,将三相交流电通入绕组中。 (4) 对于绕组转子,应将转子绕组短路。	

续表

干燥方法	干燥工艺	质量标准
铁损干燥法	（1）将转子抽出后干燥定子绕组。 （2）在定子铁芯上穿绕橡胶绝缘线。 （3）通以单相交流电,在定子铁芯中产生涡流。	缠绕匝数: $n=(45-50)V/Q$ 式中:V—电源电压,V;Q—定子铁芯轭净截面,cm^2。
外加热源法	使用灯泡加热或将电机放入恒温箱内加热。	

电机干燥注意事项:
① 干燥前应将电机清理干净。
② 电机干燥时,温升速度不得超过 8 ℃/h。
③ 干燥期间应测量绕组温度,利用外部干燥法时,绝缘表面测得的温度不应超过绝缘等级的规定值（不应超过 70 ℃）。
④ 干燥过程中要每小时测一次绝缘电阻值,当绝缘电阻值上升到一定数值并能维持 5 h 不变,即认为干燥结束。

6.2 直流电动机检修

6.2.1 设备概况

直流电动机参数见表 6-4。

表 6-4 直流电动机参数

序号	名称（直流电动机）	功率/kW	数量/台	电压等级/V	厂家
1	润滑油泵	11	3	220	ABB
2	顶轴油泵	11	3	220	ABB

6.2.2 检修周期及检修项目

（1）检修周期
① 大修每 5~8 年进行一次。
② 小修每年进行一次。
③ 设备运行状态异常时,随时检修。
（2）检修项目
① 吹扫定子各部件积灰,清扫油污。
② 检查清扫定子引线端子盒及引线焊接是否良好。
③ 检查磁极螺丝是否紧固,磁极间连线是否牢固,磁极线圈绝缘是否良好,线鼻子焊接是否牢固。
④ 电机解体,抽转子。
⑤ 吹扫转子各部分的积灰污垢。
⑥ 检查转子线圈绑扎、垫片和平衡块是否牢固。

⑦ 检查刷架、刷握及电刷(更换短电刷)。

⑧ 检查整流子云母片沟及整流片导角是否符合要求,测整流子对地绝缘及片间电阻是否合格,测磁极中心是否合格。

⑨ 清洗轴承并测量间隙是否合格,必要时更换轴承和润滑脂。

⑩ 清扫检查电动机外壳部件。

⑪ 测试电机直流电阻、绝缘是否合格。

⑫ 组装试运电动机。

6.2.3　检修准备工作

① 工作准备:办理相关工作票,对设备进行有效隔离,工作人员学习危险点分析及预防控制措施。查看电动机的技术档案,了解上次检修情况及遗留问题。

② 备件及耗材准备:轴承、风扇、清洗剂、润滑剂、毛刷、绝缘胶带、记号笔、塑料布、白布、擦布等。

③ 工器具准备:倒链、手锤、紫铜棒、组合扳手、拉马、轴承加热器、塞尺、内径千分尺、撬棍、锉刀、弹簧钳、验电笔、行灯、吸尘器等。

6.2.4　检修工艺要求

直流电动机检修工艺及质量标准见表 6-5。

表 6-5　直流电动机检修工艺及质量标准

工艺步骤	检修工艺	质量标准
1. 检修前准备	(1) 查看电动机的技术档案,了解上次检修情况及遗留问题。	
	(2) 根据检修项目确定所需材料、备品及配件计划。	
	(3) 准备检修所需的专用工具,对起重设备或拆运工具进行认真检查。	
	(4) 记录电机铭牌参数、编号。	
	(5) 做好如下各项必要的间隙测量及电气试验。 ① 测量轴封、轴承、轴瓦的有关间隙; ② 测量定、转子间隙。 ③ 测定绝缘电阻。 ④ 测定直流电阻。 ⑤ 交流耐压试验。	
	(6) 做好电机接线标志。如各种结合面的位置,前后轴承盖与端盖也需做好记号。	

工艺步骤	检修工艺	质量标准
2. 设备解体	(1) 拆除电枢及励磁绕组引线。	各引线应做好记号。
	(2) 移去装在轴端的部件。	
	(3) 拆除带有自冷却的电动机的外部保护及风扇。	
	(4) 从碳刷架上拆下碳刷。	
	(5) 拆除端盖及刷架。	端盖完整无裂纹。
	(6) 小心仔细地将转子抽出。	注意不要碰伤线圈、铁芯和整流子轴颈。
	(7) 去除螺母及其开口弹簧环等。	
	(8) 拆下轴承。	
3. 定子检修	(1) 清扫灰尘。	用干燥压缩空气吹扫。
	(2) 检查紧固线圈的楔子、垫片。	楔子、垫片不松动，无断裂、磨损、脱出等现象。
	(3) 检查磁极螺丝。	完好紧固。
	(4) 检查磁极间连接。	牢固可靠。
	(5) 检查引出线。	绝缘良好，无过热焦脆，引线鼻子压接牢固。
	(6) 电气试验。	其标准及项目见试验规程。
4. 转子检修	(1) 清扫转子线圈。	清洁完好。
	(2) 检查有无机械损伤，绑线下绝缘材料是否良好。	无损伤，绝缘良好。
	(3) 检查槽楔。	槽楔紧固，无脱壳、脆裂。
	(4) 检查铁芯。	铁芯无过热情况。
5. 检查换向器	(1) 核实换向器旋转是否呈完好的圆周状态。	应为完好的圆周状态，任何情况下误差不得超过 0.03 mm。
	(2) 检查换向片间的云母片是否低于铜面 1~2 mm。	低于铜面 1~2 mm。
	(3) 检查换向器表面的氧化膜，如换向器表面有油脂污物，用布蘸少许苯进行擦拭。	换向器表面应具有一层氧化膜，不允许用任何研磨剂来去除换向器上的氧化膜。换向器表面应光滑平整，无任何粗糙不平，槽内无铜屑、碳粉及其他杂物。
	(4) 调整刷架的中心位置。	相邻而不同极性的一对刷架彼此错开。
	(5) 更换电刷时，要仔细清理刷架，并检查其压紧弹簧的工况是否良好。	不允许混用不同质量的碳刷。如有可能，不要在同一排列线上更换全部电刷。电刷在刷架内应滑动自如。
	(6) 检查碳刷与换向器的接触是否良好。	其接触面应在 70% 以上。
	(7) 检查刷架极间连线。	连线不应与任何部件摩擦。

续表

工艺步骤	检修工艺	质量标准
6. 轴承检查	检查轴承磨损情况并清洗。	建议在重新组装时,用新轴承。
7. 组装	(1) 回装刷架,安装电刷。	推荐使用以下方法调整换向器与碳刷架之间的距离:松下固定刷架的螺丝,将 2 mm 厚硬纸板放在换向器上,压下刷架,直至换向器不能转动为止,拧紧刷架螺丝,抽出硬纸板即可。电刷动作应灵活,所有刷压必须均匀一致,与换向器表面有 70% 以上的接触面。
	(2) 紧固各处螺丝。	
	(3) 装端盖。	按端盖口上的记号回装。
	(4) 接励磁和电机引线。	注意按接头记录接线。
	(5) 检查手盘转子是否灵活。	灵活、无卡涩、无异声。
8. 试运	(1) 检查电刷有无跳动、火花。	按《电力设备预防性试验规程》DL/T 596—2021 要求进行
	(2) 检查电机旋转方向是否正确。	
	(3) 检查轴承声音、振动是否符合标准。	

第7章 调相机励磁系统检修规程

7.1 励磁滑环室检修

7.1.1 检修周期及检修项目

（1）检修周期

① 大修每 5~8 年进行一次。

② 小修每年进行一次。

③ 每周根据碳刷磨损情况进行碳刷更换或滑环表面清理。

④ 每日进行碳刷磨损量检查。

（2）检修项目

① 清理检查碳刷、刷握、刷架、隔板及弹簧。

② 测量碳刷架对地绝缘电阻。

③ 检查滑环室内温度监测仪。

④ 检查滑环表面偏心度。

⑤ 清理检查滑环绝缘材料、滑环通风孔及风扇。

7.1.2 检修准备工作

① 工作准备：办理相关工作票，工作人员学习危险点分析及预防控制措施。

② 备件及耗材准备：碳刷、弹簧、白布、酒精、毛刷、医用乳胶手套等。

③ 工器具准备：螺丝刀、活扳手、胶皮垫等。

7.1.3 检修工艺要求

① 碳刷及刷握清理检查。碳刷应完整，长度>55 mm，否则应更换；刷握清洁，弹簧无失效、变形。

② 滑环各部件清理、测量。滑环表面应光滑，粗糙度应在 Ra0.4 以下；螺旋沟 0.5~1 mm 的倒角，偏心度≤0.05 mm，高低差≤1 mm。

③ 检查滑环引出线露在槽外部分的绝缘有无松散、脱落现象，如破损，应使用玻璃丝带或白布带浸绝缘漆进行包扎。

④ 由于调相机碳刷数目多，因此要特别注意发热现象，及时测量滑环与引线的直流电阻，与之前所测值进行比较，判断引线是否牢固可靠，接触是否良好，表面有无变

色、过热现象。

⑤ 检查滑环与轴的紧固情况,检查需根据试验情况判断引线与滑环的连接是否有脱焊现象;清除通风沟、绝缘层引线槽内的灰尘。

⑥ 检查滑环各部分是否有裂纹,用小锤轻敲应无哑声,必要时做金属探伤。

⑦ 由于电解现象,滑环及负极磨损较大,为减少两滑环的磨损差别,可根据负极滑环的磨损程度倒极性,一般每次小修倒换一次。

⑧ 更换的电刷要与原电刷型号相同,电刷在刷握内能自由活动,应有 0.1~0.2 mm 的间隙。检查弹簧是否退火、失去弹性或损坏,进行弹簧压力测量时,压力应在 0.15~0.20 MPa。

⑨ 刷架对地绝缘电阻≥0.5 MΩ。

7.2 励磁系统检修

7.2.1 检修周期

① 大修每 5~8 年进行一次。
② 小修每年进行一次。
③ 设备运行状态异常时,随时检修。

7.2.2 检修准备工作

① 工作准备:办理相关工作票,工作人员学习危险点分析及预防控制措施。
② 备件及耗材准备:屏柜元件、白布、酒精、毛刷、医用乳胶手套等。
③ 工器具准备:螺丝刀、活扳手、万用表、摇表等。

7.2.3 检修工艺要求

励磁系统检修工艺及质量标准见表 7-1。

表 7-1　励磁系统检修工艺及质量标准

检修项目	检修工艺	质量标准	大修	小修
1. 通用项目	(1)箱体表面清扫、外观检查、电缆封堵检查。	箱体无积尘,通风良好,电缆封堵良好。	√	√
	(2)电气一、二次连接螺母和接线端子的检查、紧固。	连接件无松动,表面无氧化、过热现象。	√	√
	(3)励磁系统不同带电回路之间、各带电回路与金属支架底板之间绝缘电阻的测定。	绝缘电阻符合 DL/T 1166—2012 要求。	√	
	(4)开关、母线、变压器、二次回路、CT、PT 预防性试验。	符合 DL/T 596—2021 要求。	√	选做

续表

检修项目	检修工艺	质量标准	大修	小修
1.通用项目	(5)励磁系统所属继电器、接触器的检查、校验。	继电器、接触器的动作电压满足55%～70%范围要求，继电器接点电阻<1Ω，继电器回装无误。	√	
	(6)电测仪表校验。	电测仪表校验误差在允许范围内。	√	
	(7)励磁系统专用电压互感器、电流互感器、辅助变压器的检修、试验以及所属二次回路检查。	外观无异常、无放电痕迹、绝缘良好，励磁特性符合规定，电缆连接无松动。	√	
2.励磁变压器	(1)绝缘件、铁芯夹件检查。	外观无老化、放电痕迹，无松动、破裂现象。	√	√
	(2)接地检查。	铁芯接地标识正确，接地线紧固，接地电阻符合要求。	√	√
	(3)温控装置校验与检查。	温控装置显示正确，温控逻辑正确。	√	√
3.交直流开关	(1)触头调整、更换。	触头接触良好，无灼烧现象，绝缘、导电、同步性能符合要求。	√	
	(2)设备外观清扫检查、电缆封堵检查。	控制柜屏面光亮无污渍，屏内及屏顶无积尘，设备外观无损坏，电缆封堵良好，开关触头、灭弧栅外观无异常。	√	√
	(3)电气一、二次连接螺母和接线端子的检查、紧固。	电气连接件无松动，表面无氧化、过热现象，电缆芯线无松动。	√	√
	(4)机构及动作情况检查。	操作机构无卡涩，储能正常，手动分合无异常。	√	√
4.可控硅整流装置	(1)风机检修。	组件完好，无渗油、松动现象，风机叶片无损坏，电机绝缘良好，运行正常无异音。	√	√
	(2)熔断器、信号指示器检查。	熔断器外观完好、参数符合要求，可用万用表检查通断；信号指示正确。	√	√
	(3)可控硅整流装置交、直流侧刀闸检查。	刀闸操作机构无松动，转动部位灵活可靠，无锈蚀，分合可靠，接触电阻符合要求。	√	
	(4)外观清扫检查、电缆封堵检查。	控制柜屏面光亮无污渍，屏内及屏顶无积尘，通风滤网无灰尘堵塞，通风良好，外观无异常、电缆封堵良好、柜内无遗留物品。	√	√
	(5)一、二次连接螺母和接线端子的检查、紧固。	电缆芯线无松动。	√	√
	(6)风机切换试验，对于单相电机应进行启动电容检测。	风机试验逻辑正确，单相电容在标称值范围内。	√	√
	(7)励磁系统阳极侧阻容保护组件的阻容值测量。	电阻值、电容值在标称值范围内。	√	√
5.励磁调节器	(1)励磁系统模拟量环节试验。	通入标准电压、电流值，误差符合要求。	√	
	(2)整定值核对。	整定值与定值单一致。	√	
	(3)励磁系统限制功能模拟试验。	限制功能模拟动作正确。	√	

续表

检修项目	检修工艺	质量标准	大修	小修
5.励磁调节器	(4)励磁系统测压回路断线（检测功能）模拟试验。	模拟测压回路试验,调节器功能正确。	√	
	(5)励磁系统控制、信号回路正确性检查。	模拟励磁系统控制和信号回路,动作正确。	√	
	(6)开环小电流试验。	输出波形对称、不缺相,增减励磁时波形变化平滑。	√	
	(7)电源切换试验。	电源切换试验结果正常。	√	√
	(8)励磁系统操作回路传动试验及信号检查。	传动试验动作正确。	√	√
6.灭磁装置	(1)灭磁开关动作试验。	灭磁开关分合试验,曲线合格。	√	√
	(2)灭磁装置及转子过电压保护装置绝缘试验。	绝缘合格。	√	√
7.启励装置	启励回路和启励装置检查。	启励回路绝缘合格,元件无损坏。	√	√

第8章　电气设备检修规程

8.1 升压变检修

8.1.1 设备概况

升压变包括 550 kV 油纸电容式套管 3 支(升高座带 CT)、40.5 kV 充油式套管 3 支(升高座带 CT)、72.5 kV 油纸电容式套管 1 支(升高座带 CT)、10 kV 充油法兰式变压器套管 2 支、胶囊式储油柜 1 台、绕组温度表 1 个、本体油温表 2 个、速动油压继电器 1 个、瓦斯继电器 1 个、油流继电器 4 个、气体继电器 1 个、取气盒 1 个、片式散热器 4 组、风机 12 台、风扇电机 12 台、潜油泵 4 台、压力释放阀 2 个。

每台升压变配置了一台由特变电工智慧能源有限公司生产的 CSC-171Q 型变压器油色谱在线监测装置,用以监测升压变内绝缘油中的特征气体,并通过 IED 通信装置传送至调相机工程一体化在线监测系统。

500 kV 升压变本体参数见表 8-1。

表 8-1　500 kV 升压变本体参数

序号	项目	参数
1	型号	SFP-360000/500
2	相数	三相
3	额定频率	50 Hz
4	联结组标号	YdN11
5	冷却方式	ODAF
6	使用条件	户外式
7	额定容量	360 MVA(高压)
		360 MVA(低压)
8	额定电压	530 kV(高压)
		20 kV(低压)
9	额定电流	392.16 A(高压)
		10392 A(低压)

续表

序号	项目	参数
10	最高电压	565.5 kV（高压）
		40.5 kV（低压）
11	短时工频耐受电压	680 kV（高压）
		140 kV（中性点）
		85 kV（低压）
12	雷电冲击耐受电压	1550 kV（高压）
		325 kV（中性点）
		200 kV（低压）
13	操作冲击耐受电压	1175 kV（高压）
14	空载电流	0.11%额定电流
15	过负载条件符合	GB/T 1094.7-2008
16	分接头	±2×2.5%
17	调压方式	无励磁调压
18	中性点接地方式	直接接地
19	最高环境气温	41.8 ℃
20	最低环境气温	-25 ℃
21	顶层油温升	19.1 K
22	绕组平均温升	35.2 K（高压）
		37.9 K（高压）
23	变压器油	克拉玛依 KI50X 号
24	绝缘油重	76 t
25	总重	414 t
26	数量	3
27	安装位置	#1、#2、#3 升压变
28	出厂日期	2017 年 8 月
29	生产厂家	特变电工沈阳变压器集团有限公司

8.1.2 检修周期及检修项目

（1）检修周期

① 大修每 20 年进行一次。

② 小修每年进行一次。

③ 电气预防性试验 2~3 年进行一次。

④ 变压器油色谱分析 3 个月进行一次,简化分析 6 个月进行一次。

⑤ 设备运行状态异常时,随时检修。

(2)检修项目

① 拆高、低压侧接头和控制、测量接线。

② 变压器整体清扫后排油。

③ 高、低压侧套管、散热器及冷却器、分接开关、风扇电动机、储油柜、油位计、吸湿器、安全保护装置、测温元件、阀门及塞子、总控制箱检修。

④ 打开人孔门,检修油箱、变压器绕组、引线及绝缘支架、铁芯。

⑤ 复装变压器。

⑥ 变压器注油,试运行。

8.1.3 检修准备工作

① 工作准备:办理相关工作票,工作人员学习危险点分析及预防控制措施。了解变压器运行状况,查阅上次大修总结报告和技术档案,检查渗漏油部位并做出标记。

② 备件及耗材准备:半透明尼龙管、耐油橡胶板、刷子、变压器油等。

③ 工器具准备:储油罐、真空滤油机、真空泵、气割设备、筛子、电焊设备、起吊设备、倒链、梯子、灭火器、干湿计、兆欧表、真空表、力矩扳手、锯弓、半透明尼龙管、耐油橡胶板、绝缘纸板条、刷子、棘轮扳手等。

8.1.4 检修工艺要求

升压变检修工艺及质量标准见表 8-2。

表 8-2 升压变检修工艺及质量标准

检修项目	检修工艺	质量标准
1. 变压器的排油	(1)检查清扫油罐、油桶、管路、滤油机、油泵等。	各部分保持清洁干燥,无灰尘、杂质和水分。
	(2)抽油时,将放气孔打开并接入干燥空气装置,以防潮气侵入。	
2. 油箱的检修	(1)对油箱上焊点、焊缝中存在的砂眼等渗漏点进行补焊。	消除渗漏点。
	(2)清扫油箱内部,清除积存在箱底的油污杂质。	油箱内部洁净,无锈蚀,漆膜完整。
	(3)清扫强油循环管路,检查固定于下夹件上的导向绝缘管连接是否牢固,表面有无放电痕迹;打开检查孔,清扫油箱和集油盒内杂质。	强油循环管路内部清洁,导向管连接牢固,绝缘管表面光滑,漆膜完整、无破损、无放电痕迹。
	(4)检查钟罩(或油箱)法兰结合面是否平整,若发现沟痕,应补焊磨平。	法兰结合面清洁平整。

检修项目	检修工艺	质量标准
2. 油箱的检修	(5) 检查器身定位钉,防止定位钉造成铁芯多点接地。	定位钉无影响时可不退出。
	(6) 检查磁(电)屏蔽装置有无松动、放电现象,固定是否牢固。	磁(电)屏蔽装置固定牢固,无放电痕迹,可靠接地。
	(7) 检查钟罩(或油箱)的密封胶垫接头是否良好,接头处是否放在油箱法兰的直线部位。	胶垫接头黏合牢固,并放置在油箱法兰直线部位的两螺栓中间,搭接面平放,搭接面长度不小于胶垫宽度的2~3倍,胶垫压缩量为其厚度的1/3 左右(胶棒压缩量为1/2 左右)。
	(8) 检查内部油漆情况,对局部脱漆和锈蚀部位应重新补漆。	内部漆膜完整,附着牢固。
3. 绕组的检修	(1) 检查相间隔板和围屏(宜解开一相)有无破损、变色、变形、放电痕迹,如发现异常,应打开其他两相围屏进行检查。	① 围屏清洁无破损,绑扎紧固、完整,分接引线出口处封闭良好,围屏无变形、发热和树枝状放电痕迹。 ② 围屏的起头应放在绕组的垫块上,接头处一定要错开搭接,并防止油道堵塞。 ③ 检查支撑围屏的长垫块应无爬电痕迹,若长垫块在中部高场强区,应尽可能减少相间距离最小处的辐向垫块2~4 个。 ④ 相间隔板完整并固定牢固。
	(2) 检查绕组表面是否清洁,匝绝缘有无破损。	① 绕组清洁,表面无油垢,无变形。 ② 整个绕组无倾斜、位移,导线轴向无明显弹出现象。
	(3) 检查绕组各部垫块有无位移和松动情况。	各部垫块应排列整齐,轴向间距相等,轴向成一垂直线,支撑牢固,有适当压紧力,垫块外露出绕组的长度至少应超过绕组导线的厚度。
	(4) 检查绕组绝缘有无破损,油道有无被绝缘物、油垢或杂物(如硅胶粉末)堵塞现象,必要时可用软毛刷(或用绸布、泡沫塑料)轻轻擦拭,绕组线匝表面如有破损裸露导线处,应进行包扎处理。	① 油道保持畅通,无油垢及其他杂物积存。 ② 外观整齐清洁,绝缘及导线无破损。 ③ 应特别注意导线的包扎绝缘,不可将油道堵塞,以防局部发热、老化。
	(5) 用手指按压绕组表面,检查其绝缘状态。	
4. 引线及支架的检修	(1) 检查引线及引线锥的绝缘包扎有无变形、变脆、破损;引线有无断股;引线与引线接头处焊接情况是否良好,有无过热现象。	① 引线绝缘包扎应完好,无变形、变脆;引线无断股、卡伤情况。 ② 对穿缆引线,为防止引线与套管的导管接触处产生分流烧伤,应将引线用白布带半叠包绕一层。 ③ 引线接头应采用磷铜焊或银焊接。 ④ 接头表面应平整、清洁、光滑无毛刺,不能有其他杂质。 ⑤ 引线长短适宜,不应有扭曲现象。

续表

检修项目	检修工艺	质量标准
4. 引线及支架的检修	（2）检查绕组至分接开关的引线，其长度、绝缘包扎的厚度、引线接头的焊接（或连接）、引线对各部位的绝缘距离、引线的固定情况是否符合要求。	质量标准同上。
	（3）检查绝缘支架有无松动或损坏、位移，检查引线在绝缘支架内的固定情况。	绝缘支架应无破损、裂纹、弯曲变形及烧伤现象。
	（4）检查引线与各部位之间的绝缘距离。	引线与各部位之间的绝缘距离，根据引线包扎绝缘的厚度不同而异，但应不小于生产厂家的规定。
5. 铁芯的检修	（1）检查铁芯外表是否平整，有无片间短路或变色、放电烧伤痕迹，绝缘漆膜有无脱落，上铁轭的顶部和下铁轭的底部是否有油垢杂物，可用洁净的白布或泡沫塑料擦拭，若叠片有翘起或不规整之处，可用木锤或铜锤敲打平整。	铁芯应平整，绝缘漆膜无脱落，叠片紧密，边侧的硅钢片不应翘起或成波浪状，铁芯各部表面应无油垢和杂质，片间应无短路、搭接现象，接缝间隙符合要求。
	（2）检查铁芯上下夹件、方铁、绕组压板的紧固程度和绝缘状况，检查绝缘压板有无爬电烧伤和放电痕迹。	① 铁芯与上下夹件、方铁、压板、底脚板间均应保持良好绝缘。 ② 钢压板不得构成闭合回路，同时应有且仅有一点接地。 ③ 打开上夹件与铁芯间的连接片、钢压板与上夹件的连接片后，测量铁芯与上下夹件间、钢压板与铁芯间的绝缘电阻，与历次试验相比较应无明显变化。
	（3）检查压钉、绝缘垫圈的接触情况，用专用扳手逐个紧固上下夹件、方铁、压钉等各部位紧固螺栓。	螺栓紧固夹件上的正反压钉和锁紧螺帽无松动，与绝缘垫圈接触良好，无放电、烧伤痕迹，反压钉与上夹件有足够距离。
	（4）检查铁芯间、铁芯与夹件间的油路。	油路应畅通，油道垫块无脱落和堵塞，且应排列整齐。
	（5）检查铁芯接地片的连接及绝缘状况。	铁芯只允许一点接地。
	（6）检查无孔结构铁芯的拉板和钢带。	应紧固并有足够的机械强度，绝缘良好，不构成环路，不与铁芯相接触。
	（7）检查铁芯电场屏蔽绝缘及接地情况。	绝缘良好，接地可靠。
6. 分接开关的检修	（1）检查开关各部件是否齐全、完整。	完整，无缺损。
	（2）松开开关端部定位螺栓，转动操作手柄，检查动触头转动是否灵活，若转动不灵活，应进一步检查卡滞的原因；检查绕组实际分接是否与上部指示位置一致，否则应进行调整。	机械转动灵活，转轴密封良好，无卡涩，上部指示位置与下部实际接触位置应一致。
	（3）检查动静触头间接触是否良好；触头表面是否清洁，有无氧化变色、镀层脱落及碰伤痕迹，弹簧有无松动，发现触头氧化，应用碳化钼和白布带穿入触柱回擦拭；如有严重烧损，应更换。	触头接触电阻小于 $500\ \mu\Omega$，触头表面应保持光洁、无氧化变质、碰伤及镀层脱落，触头接触压力用弹簧秤测量应在 $0.25 \sim 0.5$ MPa 之间，用 0.02 mm 塞尺检查应无间隙，接触严密。

续表

检修项目	检修工艺	质量标准
6. 分接开关的检修	（4）检查触头分接线是否紧固，发现松动应拧紧锁住。	开关所有紧固件均应拧紧，无松动。
	（5）检查分接开关绝缘件有无受潮剥裂或变形；表面是否清洁，发现表面脏污应用无绒毛的白布擦拭干净；绝缘筒如有严重剥裂或变形应更换；操作杆拆下后应放入油中或用塑料布包上。	绝缘筒应完好，无破损、剥裂、变形，表面清洁、无油垢；操作杆绝缘良好，无弯曲、变形。
	（6）需检修的分接开关，拆前应做好明显标记。	拆装前后指示位置必须一致，各相手柄及传动机构不得互换。
	（7）检查绝缘操作杆"U"形拨叉接触是否良好，如有接触不良或放电痕迹，应加装弹簧片。	保持良好接触。
7. 充油套管的检修	（1）更换套管油。 ① 放出套管中的油。	放尽残油。
	② 用热油（温度 60～70 ℃）循环冲洗后放出。	至少循环三次，将残油及其他杂质冲出。
	③ 注入合格的变压器油。	油质应符合 GB 2536—2011 的规定。
	（2）套管解体。 ① 放出套管内部的油。	放尽残油。
	② 拆卸上部接线端子。	妥善保管，防止丢失。
	③ 拆卸油位计上部压盖螺栓，取下油位计。	拆卸时，防止玻璃油位计破损。
	④ 拆卸上瓷套与法兰连接螺栓，轻轻晃动后，取下上瓷套。	注意不要碰坏瓷套。
	⑤ 取出内部绝缘筒。	垂直放置，不得压坏或变形。
	⑥ 拆卸下瓷套与导电杆连接螺栓，取下导电杆和下瓷套。	拆卸导电杆底部法兰螺栓时，防止导电杆晃动损坏瓷套。
	（3）检修与清扫。 ① 所有卸下的零部件应妥善保管，组装前应擦拭干净。	妥善保管，防止受潮。
	② 绝缘筒应擦拭干净，如绝缘不良，可在 70～80 ℃ 的温度下干燥 24～48 h。	绝缘筒应洁净，无起层、漆膜脱落和放电痕迹，绝缘良好。
	③ 检查瓷套内外表面并清扫干净，检查铁瓷结合处水泥填料有无脱落。	瓷套内外表面应清洁，无油垢、杂质，瓷质无裂纹，水泥填料无脱落。
	④ 为防止油劣化，在玻璃油位计外表涂刷银粉。	银粉涂刷应均匀，并沿纵向留一条 30 mm 宽的透明带，以监视油位。
	⑤ 更换各部法兰胶垫。	胶垫压缩均匀，各部密封良好。
	（4）套管组装。 ① 组装与解体顺序相反。	导电杆应处于瓷套中心位置，瓷套缝隙均匀，防止局部受力产生瓷套裂纹。
	② 组装后注入合格的变压器油。	油质应符合 GB 2536—2011 的规定。

续表

检修项目	检修工艺	质量标准
8. 阀门及塞子的检修	(1) 检查阀门的转轴、挡板等部件是否完整、灵活、严密,更换密封垫圈,必要时更换零件。	经 0.05 MPa 油压试验,挡板关闭严密、无渗漏,轴杆密封良好,指示"开""闭"位置的标志清晰、正确。
	(2) 阀门应拆下分解检修,研磨接触面,更换密封填料,缺损的零件应配齐,对有严重缺陷无法处理的应更换。	阀门检修后做 0.15 MPa 压力实验,应不漏油。
	(3) 对变压器本体和附件的放油(气)塞、油样阀门等进行全面检查,并更换密封胶垫,检查丝扣是否完好,有损坏而无法修复的应更换。	各密封面无渗漏。
9. 吸湿器的检修	(1) 将吸湿器从变压器上卸下,倒出内部吸附剂,检查玻璃罩并进行清扫。	玻璃罩清洁、完好。
	(2) 把干燥的吸附剂装入吸湿器内,为便于监视吸附剂的工作性能,一般可采用变色硅胶,并在顶盖下面留出 1/6～1/5 高度的空隙。	新装吸附剂应干燥,颗粒不小于 3 mm。
	(3) 失效的吸附剂由蓝色变为粉红色,可置于烘箱干燥,干燥温度由 120 ℃升至 160 ℃,时间 5 h,还原后可再用。	还原后应呈蓝色。
	(4) 更换胶垫。	胶垫质量应符合要求。
	(5) 从下部的油封罩内注入变压器油,并将罩拧紧。	加油至正常油位线,能起到呼吸作用。
	(6) 为防止吸湿器摇晃,可用卡具将其固定在变压器油箱上。	运行中吸湿器安装牢固,不受变压器震动影响。
10. 总控制箱的检修	(1) 清扫控制箱内部灰尘及杂物。	清洁无灰尘。
	(2) 检查电源开关和熔断器接触情况。	逐个检查电磁开关和继电器的触点有无烧损,必要时进行更换并进行调试。
	(3) 检查切换开关接触情况及其指示位置是否符合实际情况。	如有损坏,及时更换。
	(4) 检查信号灯指示情况。	如有损坏,应补齐。
	(5) 测量二次回路(含电缆)的绝缘电阻。	用 500 V 兆欧表测量绝缘电阻不应小于 0.5 MΩ。
	(6) 进行联动试验,检查主辅电源是否互为备用,在故障状态下,备用冷却器能否正确启动。	工作正常。
	(7) 检查箱柜的密封情况。	必要时更换密封衬垫。
	(8) 箱柜除锈后进行油漆补刷。	外观干净、整洁。

检修项目	检修工艺	质量标准
11. 冷却器的检修	(1) 打开上、下油室端盖,检查冷却管有无堵塞,更换密封胶垫。	油室内部清洁,冷却器无堵塞,密封良好。
	(2) 更换放气塞、放油塞的密封胶垫。	放气塞、放油塞密封良好,不渗漏。
	(3) 进行冷却器的试漏和内部冲洗。	试漏标准:在压力 0.25~0.275 MPa 下,持续 30 min 无渗漏。
	(4) 清扫冷却器表面,油污严重时可用金属洗净剂擦洗干净。	冷却器管束间洁净,无堆积灰尘、昆虫、草屑等杂物。
12. 安全气道的检修	(1) 放油后将安全气道拆下并进行清扫,去掉内部的锈蚀和油垢,并更换密封胶垫。	检修后进行密封试验,注满合格的变压器油,并倒立静置 4 h 不渗漏。
	(2) 内壁装有隔板,其下部装有小型放水阀门。	隔板焊接良好,无渗漏现象。
	(3) 上部防爆膜片应安装良好,均匀地拧紧法兰螺栓,防止膜片破损。	防爆膜片应采用玻璃片,禁止使用薄金属片,玻璃片厚度可参照下表: 管径/mm：φ150, φ200, φ250 玻璃片厚度/mm：2.5, 3, 4
	(4) 气道与储油柜间应有联管或加装吸湿器,以防止由于温度变化引起防爆膜片破裂;对胶囊密封式储油柜,防止由吸湿器向外冒油。	联管无堵塞,接头密封良好。
	(5) 安全气道内壁刷绝缘漆。	内壁无锈蚀,绝缘漆涂刷应均匀、有光泽。
13. 变压器组装	(1) 装回器身。	按制造厂安装使用说明书规定回装。
	(2) 安装组件。	① 引线根部不得受拉、扭及弯曲。 ② 高压引线所包扎的绝缘锥部分必须进入均压球内,防止扭曲。 ③ 温度计座内应注以变压器油。
14. 变压器注油	220 kV 以上变压器使用真空滤油机注油,补油时须经储油柜注油管注入。	注油时,人员始终在现场监护,防止跑油。
15. 整体密封试验	加油压 0.02~0.03 MPa。	12 h 无渗漏。
16. 主变外部及附件清扫检查	(1) 检查 20 kV 套管小室。	盖板完好,密封件良好,连接螺栓和连接面无发热、氧化、变形等痕迹;套管及封母支持绝缘子完好,套管与封母连接紧固可靠,小室内清洁,无异物。
	(2) 清扫检查 20 kV 套管。	套管清洁、无渗漏、无裂纹、无放电痕迹。
	(3) 清扫检查主变 20 kV 封闭母线端部支持绝缘子。	绝缘子清洁,瓷套表面光洁,无裂纹,无放电痕迹,裙边无破损,螺丝无氧化变形。

续表

检修项目	检修工艺	质量标准
16. 主变外部及附件清扫检查	（4）检查主变高压侧套管、避雷器与出线电缆的连接，检查主变中性点套管与接地线的连接，以及避雷器、计数器的接线。	连接螺丝和连接面无发热、氧化、变形等痕迹，所有连接牢固可靠。
	（5）清扫检查出线套管。	套管清洁、无渗漏，外瓷套表面光洁，无裂纹、无放电痕迹，裙边无破损，胶垫无龟裂、老化，套管油位计表面清洁，指示在量程的 1/2 以上位置，升高座连接螺丝无氧化变形，接线盒表面清洁、无脏污，密封件无断裂、龟裂、老化现象。
	（6）检查所有密封法兰。	法兰面无渗漏油痕迹。
	（7）检查瓦斯继电器。	瓦斯继电器无渗漏油痕迹（需进行瓦斯继电器校验时，对瓦斯继电器拆卸，拆卸部位需进行密封，安装时需更换密封圈）。
	（8）清扫检查主变散热器、冷却风扇、油泵。	散热器、冷却风扇、油泵清洁，散热器、油泵无渗漏油，风扇、油泵电机绝缘电阻不小于 0.5 MΩ，直流电阻三相平衡，风扇、油泵试转无异声。
	（9）检查主变油枕及油枕呼吸器。	油枕油位正常，油位计表面清洁，转动无卡涩；呼吸器油杯油位正常，呼吸畅通，硅胶未变色。
	（10）检查主变接地线。	接地线无断股，接地点牢固可靠。
	（11）清扫检查 500 kV 避雷器。	避雷器清洁，外瓷套表面光洁，无裂纹，无放电痕迹，裙边无破损，胶垫无龟裂、老化，密封良好，螺丝无氧化变形。
	（12）检查避雷器计数器。	避雷器计数器清洁，指针无卡涩。

8.2　干式变压器检修

8.2.1　设备概况

（1）调相机站设两台无载调压干式变压器作为厂用工作变压器，互为备用，作为三台调相机的工作电源。两台低压干式变布置于调相机公用及#3 机 400 V 配电间，电源分别引自换流站内 10 kV Ⅰ和Ⅱ母线上的 10 kV 111、122 开关。调相机站用电干式变压器参数见表 8-3。

表 8-3 调相机站用电干式变压器参数

序号	项目	干式变 1 参数	干式变 2 参数
1	型号	SCB11-2000/10.5	SCB11-2000/10.5
2	额定容量	2000 kVA	2000 kVA
3	变压器类型	树脂浇注干式	树脂浇注干式
4	相数	3	3
5	额定频率	50 Hz	50 Hz
6	冷却方式	AN/AF	AN/AF
7	环境等级	E2	E2
8	气候等级	C2	C2
9	燃烧性能等级	F1	F1
10	绝缘等级	F	F
11	额定电压	10.5±2×2.5%/0.4 kV	10.5±2×2.5%/0.4 kV
12	额定电流	110 A/2887 A	110 A/2887 A
13	调压方式	无载调压	无载调压
14	接线组别	D,yn11	D,yn11
15	最大工作电压	12 kV	12 kV
16	工频耐压	35 kV	35 kV
17	雷电冲击耐压(峰值)	75 kV	75 kV
18	中性点运行方式	低压侧有效接地	低压侧有效接地
19	温升限值	100 K	100 K
20	防护等级	IP20	IP20
21	总重	4500 kg	4500 kg
22	安装位置	10 kV#14 站变	10 kV#15 站变
23	生产厂家	宜兴市兴益特种变压器有限公司	宜兴市兴益特种变压器有限公司
24	生产日期	2017 年 8 月	2017 年 8 月
25	出厂编号	201808183	201708190
26	阻抗电压	7.44%	7.41%

（2）SFC 系统输入变压器分别由南瑞和西门子各配置 1 台,均为树脂浇注干式变压器。SFC 系统干式变参数见表 8-4。

表 8-4　SFC 系统干式变参数

南瑞 SFC 干式变		西门子 SFC 干式变	
型号	ZLSCB-4400/10	型号	ZSCB10-5800/10//2×1.7
型式	树脂浇注干式变压器	型式	树脂浇注干式变压器
容量	4400 kVA	容量	5800 kVA
变比	10 kV/0.9 kV/0.9 kV	变比	10 kV/1.7 kV/1.7 kV
绝缘等级	F	绝缘等级	F
冷却方式	AN	冷却方式	AN
连接方式	Dd0y1	连接方式	Dy11d0
温升限值	80 K	温升限值	80 K
数量	1 台	数量	1 台
频率	50 Hz	频率	50 Hz
防护等级	IP21	防护等级	IP21
短路阻抗	8.43%	短路阻抗	8.02%
制造日期	2017 年 7 月	制造日期	2017 年 9 月
总重	11700 kg	总重	14500 kg
厂家	海南金盘电气有限公司	厂家	顺特电气设备有限公司

（3）励磁变压器是将机端电压降低，为调相机励磁系统提供三相交流励磁电源的装置。调相机的启动励磁变则是将站用电启动电源的电压降低，用作启动励磁系统的交流电源。站点配置启动励磁变压器和主励磁变压器各 3 台，具体参数见表 8-5。

表 8-5　励磁系统干式变参数

序号	项目		主励磁变压器	启动励磁变压器
1	型号		ZLSCB-4800/20	ZLSC-210/0.38
2	额定容量		4800 kVA	210 kVA
3	额定频率		50 Hz	50 Hz
4	变比		20 kV/1.54 kV	380 V/200 V
5	短路阻抗		7.41%	4.18%
6	高压侧	额定电压	2000 V	380 V
		额定电流	138.6 A	319.1 A
7	低压侧	额定电压	1540 V	200 V
		额定电流	1799.5 A	606.2 A
8	联接方式		Yd11	Yd11
9	绝缘等级		F	F

续表

序号	项目	主励磁变压器	启动励磁变压器
10	冷却方式	AN	AN
11	防护等级	IP21	IP20
12	生产厂家	海南金盘电气有限公司	海南金盘电气有限公司
13	出厂日期	2017 年 11 月	2017 年 8 月

8.2.2　检修周期及检修项目

（1）检修周期

① 小修每 2~3 年进行一次。

② 维护每年进行一次。

③ 设备运行状态异常时,随时检修。

（2）检修项目

① 拆高、低压侧接头盒控制、测量接线。

② 变压器整体清扫,检查所有绕组通风道是否有灰尘和杂质。

③ 检查所有端子、接头、易卸螺母和螺栓以及配件的松紧。

④ 测量并记录绝缘电阻。

⑤ 检修分接开关、风扇。

⑥ 检修温度探头校验指示是否正确。

⑦ 干燥变压器。

8.2.3　检修准备工作

① 工作准备:办理相关工作票,工作人员学习危险点分析及预防控制措施。

② 备件及耗材准备:端子及接头配件、风扇、滤网、白布、酒精、绝缘胶布、记号笔等。

③ 工器具准备:力矩扳手、吸尘器、活扳手、万用表、红外线测温仪、螺丝刀、尖嘴钳等。

8.2.4　检修工艺要求

干式变压器检修工艺及质量标准见表 8-6。

表 8-6　干式变压器检修工艺及质量标准

检修项目	检修工艺	质量标准
1. 检修前的准备工作	（1）检查运行中有无过热现象。	无过热现象。
	（2）检查声音是否正常。	声音正常,无杂音。
2. 清洁绝缘表面	采用吸尘器清洁绝缘表面。	无累积灰尘或其他污染物。

续表

检修项目	检修工艺	质量标准
3. 清扫通风道	采用压缩空气清扫通风道。	无灰尘和杂质。
4. 测量并记录绝缘电阻		符合制造厂要求。
5. 检查所有辅助接线的完整性		无缺损、过热、变色，螺丝无松动。
6. 检查冷却通风装置		外壳无变形，风扇转动灵活、无卡涩。
7. 检查测温装置		温度探头、温控器、温度表工作正常，测温探头校验合格。
8. 检查柜体接地线		连接可靠。
9. 检查、核实分接头位置		位置正确。
10. 检查变压器线圈		无变色、剥落、破裂、擦痕或弯曲现象；无金属粉末或碳粉粘在铁芯上；无灰尘、污物、水滴。
11. 检查铁芯及铁轭		铁芯夹紧，螺丝紧固无松动。
12. 检查绝缘垫块		固定牢固，无裂纹、位移现象。
13. 检查引线、导体		连接紧固，无变色、腐蚀、弯曲现象。
14. 检查顶部接线端子		螺丝紧固，无漏电痕迹，无碳化现象。
15. 变压器干燥	（1）用清洁的干布除去过量的湿气。 （2）在需要进行干燥的情况下（如长期停运），按如下方法进行干燥： ① 将铁芯和线圈组置于适当的环境通热风干燥。 ② 将热干燥空气对着变压器外壳底部进气口进行干燥。 ③ 铁芯和线圈组放在不易燃的外壳内，开孔位于顶部和底部，加热空气时可通过这些孔循环。	干燥过程开始前应进行绝缘电阻的测量，干燥期间每隔 2 h 测量一次绝缘电阻。变压器发热时，绝缘电阻便降到最小值，然后逐步增加，直到获得相对恒定的值。当数值在容许的标准内已保持恒定 3~4 h，干燥便结束。

8.3　离相封闭母线检修

8.3.1　设备概况

离相封闭母线主要用于调相机主出线及其他输配电回路，以安全地传输电能。系统由导体和外壳组成的母线本体，PT 柜、中性点接地柜、空气循环干燥装置等配套装置，母线支撑和吊装钢结构件，母线和主变压器、厂用变压器及调相机等设备的接口组成。

离相封闭母线技术规范及说明见表 8-7。

表 8-7　离相封闭母线技术规范及说明

项目	主回路	各分支回路	中性点分支
额定电压/kV	20	20	20
最高电压/kV	24	24	24
额定电流/A	12500	2500	400
额定频率/Hz	50	50	50
额定雷电冲击耐受电压(峰值)/kV	150	150	150
额定短时工频耐受电压(有效值)/kV	60(湿试) 75(干试)	60(湿试) 75(干试)	60(湿试) 75(干试)
动稳定电流(峰值)/kA	400	630	400
2 s 热稳定电流(有效值)/kA	160	250	160
设计用周围环境温度/℃	40	40	40
母线导体正常运行时的最高温度/℃	90	90	90
相间距离/mm	1300	1000	/
冷却方式	自冷	自冷	自冷
泄漏比距/(mm/kV)	≥25	≥25	≥25
外壳直径及厚度/mm	$\phi1050/8$	$\phi700/5$	矩形 500×500
导体直径及厚度/mm	$\phi500/12$	$\phi150/11$	tmy50×8 铜排
导体材质	1060 铝	1060 铝	铜
外壳材质	1060 铝	1060 铝	1060 铝

离相封闭母线铭牌参数见表 8-8。

表 8-8　离相封闭母线铭牌参数

项目	参数	项目	参数
型号	QL FM-20/12500-Z/V	2 s 热稳定电流	160 kA
额定电压	20 kV	额定电流	12500 A
额定频率	50 Hz	动稳定电流	400 kA
出厂编号	FM17972	制造年月	2017 年 12 月
生产厂家	镇江华东电力设备制造厂有限公司		

8.3.2　检修周期及检修项目

（1）检修周期

① 大修每 5~8 年进行一次。

② 小修每年进行一次。

（2）检修项目

① 封闭母线外壳检修。

② 导体及连接部分检修。

③ 支持瓷瓶检修。

④ 出线套管检修。

⑤ 重要接头部分、地脚螺栓及绝缘层检修。

⑥ 封母干燥装置、避雷器、电压互感器等检修。

8.3.3　检修准备工作

① 工作准备:办理相关工作票,工作人员学习危险点分析及预防控制措施。封母位置高的区域需搭设脚手架并检验合格。

② 备件及耗材准备:绝缘子、瓷瓶、硅胶、螺栓、白布、酒精、塑料布、铝焊条、银粉漆、毛刷等。

③ 工器具准备:力矩扳手、安全带、活扳手、螺丝刀、撬棍、吊装带、倒链、钢丝绳、水平尺、摇表等。

8.3.4　检修工艺要求

离相封闭母线检修工艺及质量标准见表 8-9。

表 8-9　离相封闭母线检修工艺及质量标准

检修项目	检修工艺	质量标准
1. 封闭母线外壳检修	检查外壳或拆下外罩,应平整,无深坑或孔洞,焊接部分平整、无毛刺,否则应修平或整形。	母线表面应光洁平整,不得有裂纹、折叠及夹杂物,管形、槽形母线不应有变形、扭曲现象。
2. 导体及连接部分检修	打开连接部分外壳圆周上的螺栓,在钢压圈上做好标记,取下压圈和伸缩套,检查伸缩套橡胶老化情况;若轻微龟裂,可继续使用;若有开裂口、孔洞或压接面失去弹性,则应更换新的。检查压接法兰面,应光滑、平整,无间隙,否则应修复。	各部螺栓、垫圈、开口销等零部件齐全、可靠。
3. 支持瓷瓶检修	（1）瓷瓶本体检修: 隔一个或几个支持点打开支持瓷瓶地脚,拆出支持瓷瓶,用酒精绸布清理瓷体表面,仔细检查,若瓷体不符合要求,应更换合格瓷瓶。	支持瓷瓶表面整洁、光亮,无破损及闪络痕迹,安装牢固,无松动摇摆现象。
	（2）检查瓷瓶顶部弹簧顶压(悬挂)装置: 用手压瓷瓶顶部弹簧顶压装置,若有卡涩,可适当加入润滑脂,如不能消除卡涩,应更换。用手旋动瓷瓶顶部"T"形悬挂装置应固定不动,若有松动,应注入环氧树脂或更换新瓷瓶。	
	（3）检查瓷瓶底部胶垫和压盘: 拆出底部胶垫,用酒精布擦净后进行检查,不符合要求的予以更换;压盖有毛刺或与安装处错孔时,应用锉刀修整后再回装;压盘有严重变形时应更换。	

续表

检修项目	检修工艺	质量标准
4. 出线套管检修	检查出线套管是否密封、无渗漏,表面是否清洁、无裂纹。	表面清洁、无裂纹;出线套管密封良好,无渗漏。
5. 重要接头部分检修	检查螺栓是否紧固,接头部分是否光滑无开裂。	螺栓紧固,接头部分光滑无开裂。
6. 地脚螺栓及绝缘层检修	测量外壳地脚与钢构架间的绝缘电阻,拆开母线外壳接地点,用 500 kV 摇表测量母线外壳与钢构架间的绝缘电阻。	应符合相关标准。
7. 封母干燥装置检修	检查硅胶颜色是否正常。	硅胶颜色正常。
8. 避雷器检修	打开避雷器外壳屏蔽罩上两个孔的螺栓,拆开一次接地引线连接螺栓,进行预防性试验,检查各项试验结果是否符合预防规程;用酒精布清理瓷件表面,并检查一次接地引线是否工作良好,接触是否紧密,恢复引线和手孔罩。	表面清洁、无裂纹,试验合格。
9. 电压互感器检修	电压互感器试运行。	试验合格。

8.4　550 kV 隔离开关检修

8.4.1　设备概况

调相机站 500 kV GIS 区 GIS 设备使用的是河南平芝高压开关有限公司的产品,共包含开关 9 台、隔离刀闸 9 台、接地刀闸 18 台、气室间隔 72 个、SF6 密度继电器 72 个、GIS 电磁感应式电流互感器 18 只、电压互感器 6 只。调相机站 500 kV GIS 区共计 3 个间隔、3 个开关单元,每个开关单元配置一个就地控制柜。

技术规范及说明见表 8-10 和表 8-11。

表 8-10　GIS 设备额定和通用参数

序号	项目		单位	参数
1	额定电压		kV	550
2	额定电流	出线	A	4000
		进线	A	4000
		主母	A	6300
3	额定工频 1 min 耐受电压(相对地)		kV	740
4	额定雷电冲击耐受电压峰值(1.2/50 μs)(相对地)		kV	1675
5	额定操作冲击耐受电压峰值(250/2500 μs)(相对地)		kV	1300
6	额定短路开断电流		kA	63
7	额定短路关合电流		kA	160
8	额定短时耐受电流及持续时间		kA/s	63/3

序号	项目				单位	参数
9	额定峰值耐受电流				kA	160
10	辅助和控制回路短时工频耐受电压				kV	2
11	无线电干扰电压				μV	≤500
12	噪声水平				dB	≤110
13	SF6 气体额定压力（20 ℃时表压）	开关气室		额定压力	MPa	0.55
				报警压力		0.525
				闭锁压力		0.5
		其他隔室		额定压力		0.5
				报警压力		0.45
14	每个隔室 SF6 气体漏气率				%/年	≤0.5
15	SF6 气体湿度	有电弧分解物隔室		交接验收值	μL/L	≤150
				长期运行允许值		≤300
		无电弧分解物隔室		交接验收值		≤250
				长期运行允许值		≤500
16	局部放电		试验电压		kV	$1.1 \times 550/\sqrt{3}$
			每个隔室		pC	≤5
			每单个绝缘件			≤3
			套管			≤5
			电流互感器			≤5
17	供电电源		控制回路		V	DC 110 V
			辅助回路		V	AC 380 V
18	使用寿命				年	≥40
19	检修周期				年	≥20

表 8-11　GIS 开关技术参数

序号	项目	单位	参数
1	型号		GST-550BH
2	布置形式（立式或卧式）		卧式
3	断口数	个	1
4	额定电流	A	4000
5	主回路电阻	μΩ	≤45
6	温升试验电流	A	$1.1I_e$

续表

序号	项目		单位	参数
7	额定工频 1 min 耐受电压	断口	kV	740+315
		对地		740
	额定雷电冲击耐受电压峰值 （1.2/50 μs）	断口	kV	1675+450
		对地		1675
	额定操作冲击耐受电压峰值 （250/2500 μs）	断口	kV	1175+450
		对地		1300
8	额定短路开断电流	交流分量有效值	kA	63
		时间常数	ms	45
		开断次数	次	20
		首相开断系数		1.3
9	额定短路关合电流		kA	160
10	额定短时耐受电流及持续时间		kA/s	63/2
11	额定峰值耐受电流		kA	160
12	开断时间		ms	≤50
13	合分时间		ms	≤50
14	分闸时间		ms	≤30
15	合闸时间		ms	≤100
16	重合闸无电流间隙时间		ms	300
17	分、合闸平均速度	分闸速度	m/s	14~18
		合闸速度		4~7
18	分闸不同期性	相间	ms	≤3
		同相断口间		
19	合闸不同期性	相间	ms	≤5
		同相断口间		
20	机械稳定性		次	≥10000
21	额定操作顺序			O-0.3 s-CO-180 s-CO
22	SF6 气体压力（20 ℃时表压）	额定	MPa	0.55
		报警		0.525
		最低		0.5

续表

序号	项目		单位	参数
23	操动机构型式或型号			液压
	操作方式			分相操作
	电动机电压		V	AC 380
	合闸操作电源	额定操作电压	V	DC 110
		操作电压允许范围		85%~110%可靠动作,30%不得动作
		每相线圈数量	只	1
		每只线圈涌电流	A	7.8
		每只线圈稳态电流	A	5(DC 110 V)
	分闸操作电源	额定操作电压	V	DC 110
		操作电压允许范围		65%~110%可靠动作,低于30%不得动作
		每相线圈数量	只	2
		每只线圈涌电流	A	7.8
		每只线圈稳态电流	A	5(DC 110 V)
	加热器	电压	V	AC 220
		每相功率	W	200
	备用辅助触点	数量	对	10 常开、10 常闭
		开断能力		DC 110 V、5 A
	检修周期		年	≥20
	液压机构	油泵不启动时闭锁压力下允许的操作		O-0.3 s-CO 或 CO-180 s-CO
		24 h 打压次数	次	≤2
		油中最大允许水分含量	μL/L	100
24	开关的质量	开关包括辅助设备的总质量	kg	8715/相
		每相 SF6 气体质量	kg	120
25	生产厂家			河南平芝高压开关有限公司
26	出厂日期			2016 年

8.4.2 检修周期及检修项目

（1）检修周期

① 大修每 5~8 年进行一次。

② 小修每年进行一次。

③ 设备运行状态异常时,随时检修。

（2）检修项目

① 外观、外壳检查及清扫。

② 执行 SF6 检漏。

③ 所有电气接线端子检查。

④ 测量 SF6 气体的水分含量。

⑤ 三相同期检查。

⑥ 机械分、合闸指示器动作检测。

8.4.3 检修准备工作

① 工作准备:办理相关工作票,工作人员学习危险点分析及预防控制措施。

② 备件及耗材准备:螺栓、电气元件、酒精、白布、三色带、生料带等。

③ 工器具准备:塞尺、螺丝刀、毛刷、梅花扳手、套筒扳手、吸尘器、专用摇把、储能把手、开关测试仪、钳子、摇表、万用表等。

8.4.4 检修工艺要求

隔离开关检修工艺及质量标准见表 8-12。

表 8-12 隔离开关检修工艺及质量标准

检修项目	检修工艺	质量标准
1. 瓷瓶清扫检查	用干净的棉丝清理瓷瓶上的灰尘和油垢,仔细查看瓷瓶是否有放电痕迹、裂纹、损坏现象。	绝缘子表面应清洁,无裂纹、破损,焊接未留斑点,瓷件黏合牢固。
2. 触头检修	（1）检查动触头有无烧伤,如烧伤面积大于 30%,深度 ≥1 mm,应更换;轻度烧伤,可用锉刀去除烧伤的痕迹。因工作需要更换动触头时,可用专用工具将其从导电杆上拧下,换上新触头后应平直光滑,紧固后,还须在接合处冲眼,防止脱落。然后用砂布打光,在换动触头时,一定要保证导电杆的平直。	处于合闸位置时,触头接触压力应足够,触头间的相对位置应符合产品的技术规定;处于分闸位置时,触头间的净距或拉开角度应符合产品的技术规定;各接触面应清洁、平整,无氧化膜,并涂以薄层导电膏;载流部分的可挠连接不得折损。
	（2）静触头与静弧触头应无严重烧伤。静触头、静弧触头烧伤面积大于 30%、深度大于 1 mm 应更换,如有轻度烧伤,可用细锉锉去烧伤痕迹。	同上。

检修项目	检修工艺	质量标准
3. 操作连杆转动部分检修、轴销加油	检查传动大轴是否变形,拐臂是否有开焊现象,各种轴销是否连接牢固,操作机构主轴与拐臂的连接轴销是否有变形、卡涩、松动现象。在传动机构各活动部件涂润滑油。	传动部分应动作灵活、操作方便,应涂以适合当地气候的润滑脂。
4. 电动机机构检修、各电器元件检查	清扫定子线圈,检查绝缘情况,打开接线盒检查密封情况;检查引线是否牢固地接在接线柱上,检查清扫定子铁芯,用 500 V 兆欧表测量电机绝缘电阻。	定子线圈表面应清洁,无匝间、层间短路,中性点及引线接头均应连接牢固,线圈引线接头应外套塑料管牢固接在接线柱上;接线盒应密封良好;电机绝缘电阻应不小于 10 MΩ。
5. 闭锁装置检查	检查联动机构是否有开焊现象,复位弹簧性能是否可靠。	防误闭装置动作灵活,准确可靠,接地刀拉开时的角度为 9°。
6. 接地装置检查	检查连接是否可靠,接地扁铁若有锈蚀现象,应进行处理。	油漆完整,相色标志正确,接地良好。
7. 手动、电动合分试验	检查元件是否灵活、正常,无卡涩、摩擦等不正常现象;检查调整分、合闸时的同期性是否符合标准。	辅助接点接触良好,其常开触点在合闸行程85%~90%时闭合,其常闭触点在拉开行程达75%时闭合。
8. 基座除锈刷漆	检查基座是否有锈蚀,若有锈蚀,应除锈补漆。	表面光滑、整洁。

8.5　400 V PC、MCC 检修

8.5.1　设备概况

调相机站设两台无载调压干式变压器作为厂用工作变压器,互为备用,并作为三台调相机的工作电源。两台低压干式变电源分别引自换流站内 10 kV Ⅰ 和 Ⅱ 母线,布置于 PC 及#3 机 MCC 配电间。主厂房内对应设置两段 400 V 工作 PC 段,成对配置;设置两段工作 MCC 段,其电源分别引自不同 PC 段。循环水 MCC 段电源自主厂房工作 PC 段引接。

站用交流系统共配置宜兴市兴益特种变压器有限公司生产的 10/0.4 kV 干式无励磁调压变压器 2 台,厦门华电开关有限公司生产的 10 kVA MS12 型开关柜 2 个,深圳市泰昂能源科技股份有限公司生产的 400 V 开关柜 46 个。调相机站 400 V 站用电屏配置 46 面,其中 PC 段配置 16 个,#1、#2、#3 机 MCC 段各配置 8 个,循环水 MCC 段配置 6 个。

技术规范及说明见表 8-13 至表 8-15。

表 8-13   10 kV 站用变压器参数

序号	项目	参数
1	型号	SCB11-2500/10.5
2	额定容量	2500 kVA
3	变压器类型	树脂浇注干式
4	相数	3
5	额定频率	50 Hz
6	冷却方式	AN/AF
7	环境等级	E2
8	气候等级	C2
9	燃烧性能等级	F1
10	绝缘等级	F
11	额定电压	10.5±2×2.5%/0.4 kV
12	额定电流	110 A /2887 A
13	调压方式	无载调压
14	接线组别	D,yn11
15	最大工作电压	12 kV
16	工频耐压	35 kV
17	雷电冲击耐压水平(峰值)	75 kV
18	中性点运行方式	低压侧有效接地
19	温升限值	100 K
20	防护等级	IP20
21	总重	4500 kg
22	安装位置	10 kV#1、#2 站变
23	生产厂家	宜兴市兴益特种变压器有限公司
24	生产日期	2017 年 8 月

表 8-14　10 kV 开关柜参数（调相机出线柜）

项目		参数
真空断路器	型号	VEP12T0625
	额定电流	630 A
	额定短路开断电流	25 kA
	额定频率	50 Hz
	额定短路耐受电压	42 kV
	额定电压	12 kV
	雷电冲击耐受电压	75 kV
	质量	105 kg
	储能电机电压	110 V
	操作机构型式	弹簧
	生产厂家	厦门华电开关有限公司
电流互感器	型号	LZZBJ9-12
	准确级次	5p40、5p40、0.5 s
	额定输出	10、10、10（W）
	电流比	600/1、600/1、300/1
	额定电压	12 kV
	额定频率	50 Hz
	生产厂家	江苏科兴电器有限公司
零序电流互感器	型号	CTZ-KDD240-0003
	准确级次	10P5
	额定输出	5 W
	电流比	50/1
	额定频率	50 Hz
	生产厂家	江苏科兴电器有限公司
接地刀闸	型号	ESW-12
	生产厂家	厦门华电开关有限公司

表 8-15　400 V 低压开关柜进线断路器参数

项目		参数
空气断路器（进线）	型号	E4S4000
	额定不间断电流	4000 A
	电压	400 V
	频率	50 Hz
	生产厂家	深圳泰昂能源科技股份有限公司
空气断路器（母联）	型号	E3N3200
	额定不间断电流	3200 A
	电压	400 V
	频率	50 Hz
	生产厂家	深圳泰昂能源科技股份有限公司
电压互感器	型号	JDG4-0.5
	额定频率	50 Hz
	电压比	380/100
	额定容量	30 VA
	准确级	0.5
	生产厂家	上海政业电器设备有限公司

8.5.2　检修周期及检修项目

（1）检修周期

调相机站用交流电源与调相机组检修周期一致,都按照总体要求的周期和工期开展检修工作。

（2）检修项目

① 柜体清理检查。

② 框架式断路器检修。

③ 塑壳断路器检修。

④ 交流接触器检修。

⑤ 智能马达控制器检修。

⑥ 双投开关、表计、CT/PT 检修。

⑦ 电缆、温湿度控制器检修。

8.5.3　检修准备工作

① 工作准备:办理相关隔离工作票,工作人员学习危险点分析及预防控制措施。

② 备件及耗材准备:螺栓、电气元件、酒精、白布、三色带、生料带等。

③ 工器具准备:塞尺、螺丝刀、毛刷、梅花扳手、套筒扳手、吸尘器、专用摇把、储能把手、开关测试仪、钳子、摇表、万用表等。

8.5.4 检修工艺要求

400 V PC 检修工艺及质量标准见表 8-16。

表 8-16　400 V PC 检修工艺及质量标准

检修项目	检修工艺	质量标准
1. 开关本体检查、清扫	将 PC 开关门打开,用酒精或干布、低压力风管清扫,清除开关上的尘土和污垢。如果装置门或机架有诸如变形、部件位移或烧毁等实质性损坏,需要更换整个装置。	开关本体清洁,所有紧固件不能松动,零部件齐全,无变形、磨损及损坏。
2. 开关灭弧罩、灭弧栅片检查	打开开关灭弧罩,检查有无电弧痕迹,检查灭弧罩和灭弧栅片是否完好。在下列状态变更换电弧隔板:① RL-800 至 RLE-2000 断路器电弧隔板中的镀铜钢板厚度低于 0.06″的;RL-3200 至 RL-5000 断路器电弧隔板中的镀铜钢板厚度低于 0.08″的。	灭弧罩、灭弧栅片无电弧痕迹,灭弧罩和灭弧栅罩完好。
3. 开关操作机构检查	(1) 检查内部是否干净,有无杂物,各部机械连杆是否有松动或卡涩现象,检查储能弹簧、传动连杆各部是否灵活、正常,手动分、合闸操作正常。 (2) 检查各部传动机构动作是否正常。手动模拟保护动作调闸是否动作正常,对操作机构各部件加润滑油;外观全部清扫;拆下前面罩,将机构上积灰擦净,活动部位加少量润滑油(脂);检查各部件应无磨损、变形和裂纹,销子齐全;检查各弹簧外表无生锈、变形和损伤;清扫蓄能电机整流子,使碳刷接触良好;测量蓄能电机绝缘电阻应>10 MΩ。 (3) 测量合分闸线圈直流电阻和绝缘电阻。 (4) 检查合分闸线圈外表绝缘是否良好,应无老化和过热变色。 (5) 手动合分开关三次,检查机构动作是否灵活、无卡涩现象。	操作机构转动灵活、无卡涩。
4. 开关储能电机检查	检查储能电机是否清洁,测量电机直流电阻和绝缘电阻,检查储能电机位置接点是否正确。	储能电机清洁,电机位置接点正确。
5. 开关二次部分及辅助继电器检查	检查开关内部二次连接有无松动或过热现象,检查开关辅助接点是否接触良好;对照图纸检查开关分、合闸位置接点是否正确,外部二次插头、鸭舌片是否压力正常、动作灵活;对辅助继电器的直流电阻进行测试;检查各熔断器是否完整无缺、接线端子接线有无松动。	辅助开关转动灵活,接线无松动,切换正常。
6. 开关一次 CT 检查	检查开关一次 CT 外部是否整洁,有无过热现象;二次侧有无开路;检查热偶,校核继电器定值。	CT 外部应整洁,无过热现象,二次侧无开路现象,热偶、继电器动作值正确。
7. 开关仓内清扫、检查	用吸尘器吸出灰尘,检查仓内各元件是否牢固、有无损伤,是否有过热老化现象。	仓内各元件应牢固,无损伤,无过热老化现象。
8. 开关背后引出线检查、试验	打开开关背后盘面面板,检查和清扫引出线;检查各电缆一次接线是否牢固,有无过热现象;仓内是否有杂物。	引出线完好,各电缆一次接线牢固,无过热现象,仓内无杂物。

检修项目	检修工艺	质量标准
9. 主开关动触头检查	检查主开关触头是否有过热现象,是否有拉弧或磨损,如存在此现象,用金相砂纸和平锉加以修理,清理污垢和其他痕迹后,适当涂上导电膏。	触头无变形、发热,接触良好。
10. 机械联锁分闸试验	合上开关检查三相触头合闸是否良好,将机械联锁把手按下,检查开关是否跳闸。	开关一切正常,手动分闸次数均正常,三相触头合闸良好。
11. 开关整体试验	在所有检修项目完成的情况下,将 PC 开关推入试验位置,进行分、合闸。	分、合闸动作正常无误。
12. 开关一、二次回路检查	检查回路接线是否有松动、过热、老化现象,分、合闸试验是否合格。	接线正确无松动,分、合闸试验合格。

400 V MCC 检修工艺及质量标准见表 8-17。

表 8-17　400 V MCC 检修工艺及质量标准

检修项目	检修工艺	质量标准
1. 开关本体检查、清扫	将 MCC 开关门打开,用酒精或干布、低压力风管清扫,清擦开关上的尘土和污垢。如果装置门或机架有诸如变形、部件位移或烧毁等实质性损坏,则需要更换整个装置。	开关本体清洁,所有紧固件不能松动,零部件齐全,无变形、磨损及损坏。
2. 开关一次回路检查	检查开关一次接线是否有过热或老化现象,检查开关触点磨损情况,弹簧压力是否正常,对触点进行必要的修理,涂导电膏,对一次回路进行绝缘试验,必要时更换引线。	开关一次接线无过热老化现象,触点无严重磨损,弹簧压力正常,绝缘试验正常。
3. 开关二次回路检查	检查各部二次接线是否有松动现象,各部接线有无过热或老化现象,对所有二次接线进行紧固,各引线无脱落或松动,接触良好,各熔断器齐全完好。	二次接线无松动现象,各部接线无过热或老化现象,所有二次接线应紧固,引线无脱落或松动,接触应良好。
4. 接触器检查	检查接触器触点显示有无热损坏、金属位移或适当磨损裕度的丧失等,若有,就需要更换触点和触点弹簧。如果变坏的程度超出了触点之外,诸如导轨粘结或有绝缘材料损坏的迹象,就必须更换损坏的部件或整个接触器。检查触点压力是否正常,三相触点动作是否同步、有无卡涩现象,接触面包括辅助触点是否良好,测试接触器线圈的直流电阻。	接触器应无热损坏、金属位移或磨损裕度,接触器触点(辅助触点)压力应正常,三相动作同步,无卡涩,接触面良好,整体无因过热而引起的导轨粘结及绝缘损坏,动作正常。
5. 辅助继电器检查	检查辅助继电器是否齐全,底座是否紧固或松动,各二次引线有无过热、松动现象,测试各继电器直流电阻,检查接点是否有电弧烧黑的痕迹,并用酒精棉球清擦干净。如果没有目视迹象表明需要更换继电器,就必须采用电气或机械脱扣的方法验证继电器触点的功能。	辅助继电器应齐全,底座紧固,二次引线无过热、松动现象。各接点应无电弧烧黑痕迹,动作正常。

检修项目	检修工艺	质量标准
6. 马达控制器检查及校验	检查接线是否良好,绝缘有无烧损痕迹,输出信号是否正确无误;进行短路、堵转、过负荷保护,欠电压保护,过电压、缺相保护试验。	接线应良好,绝缘应无烧损痕迹,输出信号应准确无误。 短路保护整定值范围:5.0~10.0倍;动作时间:0.1~25.0 s;过流保护方式:停车,报警。 堵转保护整定值范围:3.0~8.0倍;动作时间:0.1~25.0 s;过流保护方式:停车,报警。 过负荷保护整定值范围:1.0~8.0倍;动作时间:1~900 s;定时限保护方式:停车,报警。 缺相保护或不平衡保护整定值范围:任意两相电流差为 30%~100%;动作时间:0.1~25.0 s;不平衡动作方式:停车,报警。 欠电压保护整定值范围:40%~95%;动作时间:0.1~25.0 s;动作方式:停车,报警。 过电压保护整定值范围:105%~200%;动作时间:0.1~25.0 s;动作方式:停车,报警。
7. 开关仓内清扫、检查	用吸尘器吸出灰尘,检查仓内各元件是否牢固,有无损伤,是否有过热老化现象。	仓内各元件应牢固,无损伤,无过热老化现象。
8. 开关盘面、盘内清扫、检查	检查盘面各指示灯是否完整无缺,机械标志、门、闭锁及其辅助件是否完好且操作灵活。盘内是否无杂物,各个熔断器是否完好无缺,指示灯信号是否正确。检查按钮是否完好,盘内接线有无过热、松动现象。	盘面各指示灯完整无缺,机械标志、门、闭锁及辅助件完好,操作灵活。盘内无杂物,各熔断器完好无缺,指示灯信号正确。按钮完好,盘内接线无过热和松动现象。
9. 开关各项功能试验	将开关门关闭,进行分、合闸试验,检查机械部件操作是否灵活,润滑是否良好。	开关机械部件操作灵活,润滑良好。

8.6　交流不停电电源(UPS)检修

8.6.1　设备概况

调相机区域站用直流系统生产厂家均为深圳市泰昂能源科技股份有限公司,主设备布置于调相机厂区 0 m 层直流 UPS 间。

全站三台机组共设置一组 220 V 阀控式铅酸蓄电池组,蓄电池组容量为 2500 A·h (艾诺斯 OPzV-2V,每组 104 只),供电给三台机组的不停电电源、事故油泵及事故照明等动力负荷。直流系统采用单母线、两线制、不接地系统。220 V 蓄电池组配两组高频开关电源的充电设备,对蓄电池组进行浮充电及均衡充电。充电装置交流电源来自厂用电 400 V 工作 PC 段。

全站三台机组共设置两组 110 V 阀控式铅酸蓄电池组,蓄电池组容量为 400 A·h (艾诺斯 OPzV-2V,每组 52 只),供电给三台机组的控制、继电保护、仪表、信号等控制负荷。直流系统采用单母线、两线制、不接地系统。两组 110 V 蓄电池组配三组高频开关电源的充电设备,对蓄电池组进行浮充电及均衡充电。充电装置交流电源来自厂用电 400 V 工作 PC 段。

220 V 低压直流系统包括 2 面充电屏、1 面直流联络屏、3 面直流馈电屏。110 V 低压直流系统包括 3 面充电屏、1 面直流联络屏、4 面直流馈电屏。

UPS 参数见表 8-18。

表 8-18　UPS 参数

序号	项目		参数
1	型号		IPM-DA
2	生产厂家		深圳市泰昂能源科技股份有限公司
3	额定容量		40 kVA
4	输入	额定电压	单相 220 V AC;三相 380 V(三相四线+G)
5		电压范围	单相(165~275)V AC;三相(285~475)V AC
6		频率范围	(50±0.5%)Hz
7		直流电压	110 V DC
8	输出	额定电压	单相 220 V AC
9		电压精度	(220±1%)V AC
10		输出频率	(50±0.5%)Hz
11		输出波形	纯正弦波
12		过载能力	125%,10 min;150%,1 min
13		功率因数	0.8
14		波形失真度	<3%(线性满载)
15		并机负载电流不平衡度	≤3%
16		切换时间	0 ms
17		整机效率	>85%
18	保护	过载保护	转旁路供电
19		过热保护	>85 ℃转旁路供电
20		短路保护	自动限流,断路器跳开,关断 UPS 输出
21		过压保护	UPS 输出过压转旁路
22		欠压保护	电池欠压关 UPS

续表

序号	项目		参数
23	显示	LED 指示	市电灯、逆变灯、旁路灯、电池欠压灯、过载灯、故障灯
24		LCD 显示	输入、输出、电池电压;输入、输出频率;负载百分比;UPS 工作状态等
25	告警	蜂鸣器	市电断电、电池低压、输出过载、UPS 异常等
26	通信接口		标准馈备:RS232、RS485,状态干接点选馈:SNMP
27	工作环境	工作温度	0~40 ℃
28		相对湿度	<95%(不凝结)
29		噪音	<55 dB(1 m 距离)
30		海拔高度	<2000 m

8.6.2　检修周期及检修项目

(1) 检修周期

① 大修每 5~8 年进行一次。

② 小修每年进行一次。

(2) 检修项目

① UPS 主机柜内、外电气元件清扫、检查。

② 所有的半导体器件清扫、检查。

③ 一、二次接线检查。

④ UPS 旁路柜、馈线柜内、外元件清扫、检查。

⑤ 直流电压、逆变器输出电流检查。

⑥ 冷却风扇、柜内表计、手动转换装置检查。

8.6.3　检修准备工作

① 工作准备:办理相关检修工作票,工作人员学习危险点分析及预防控制措施。

② 备件及耗材准备:屏柜电气元件、蓄电池、白布、酒精、绝缘胶带、绑扎线等。

③ 工器具准备:毛刷、螺丝刀、扳手、吸尘器、尖嘴钳、斜口钳、摇表、万用表、示波器、电感电容测试仪、交直流钳型电流表等。

8.6.4　检修工艺要求

UPS 检修工艺及质量标准见表 8-19。

表 8-19　UPS 检修工艺及质量标准

检修项目	检修工艺	质量标准
1. UPS 柜内、柜外的电气元件清扫、检查	对整个 UPS 装置进行清扫,包括柜内、柜外的电气元件,一切积垢、粉尘或异物颗粒应仔细清除。重点清扫主回路中的变压器线圈、可控硅、散热器、电感线圈、电容器、控制电路板、冷却风扇等。	一次、二次接线应无发热、无松动,(包括所有开关、大功率管、CT、PT、分流器、二极管、冷却风扇、控制板的固定和连接必须紧固可靠),无积灰,可控硅紧固无松动、无变形。
2. 所有的半导体器件清扫、检查	检查所有的半导体器件,包括电感线圈、可控硅散热器、二极管、电容器、电路板等有无烧焦、损坏的痕迹。	所有的半导体器件,包括电感线圈、可控硅散热器、二极管、电容器、电路板等应无烧焦、损坏的痕迹,连接紧固,无松动、发热现象。
3. 一、二次接线检查	检查所有一、二次接线是否松脱、烧坏、磨破和断裂,重新拧紧大电流连接点,拧固每个松动的连接点。	一、二次接线应无松脱、烧坏、磨破、断裂现象,大电流连接点应连接紧固。
4. 检查逆变器输出电压	使用测量仪器检查逆变器输出电压。	逆变器输出电压应正常。
5. 检查直流电压	使用测量仪器检查直流电压。	直流电压应正常。
6. 检查逆变器输出电流	使用测量仪器检查逆变器输出电流。	逆变器输出电流应正常。
7. 检查冷却风扇	检查冷却风扇是否有杂音,工作是否正常。	冷却风扇工作应正常。
8. 检查柜内各表计	柜内各表计指示是否正确,柜门状态指示是否正确,无报警。	盘内电压、电流、频率表等误差应在允许范围之内,指示值正常,各指示灯应试验发亮,指示正确。
9. 检查手动转换装置	确认手动转换是否正常:手动将逆变器负荷切至旁路负荷;手动将旁路负荷切至逆变器负荷。	手动转换装置应正常。

8.7　电缆检修

8.7.1　设备概况

调相机厂房 380 V 供电系统采用 PC、MCC 两级供电方式,PC A 段通过调相机站用变 A,111 开关引自#1 号站用变的 10 kV 母线,PC B 段通过调相机站用变 B,122 开关引自#2 号站用变的 10 kV 母线。动力电缆全部由四川明星电缆股份有限公司供货。

8.7.2　检修周期及检修项目

（1）检修周期
① 大修每 5~8 年进行一次。
② 小修每年进行一次。
③ 设备运行状态异常时,随时检修。

（2）检修项目

① 测试电缆绝缘电阻是否合格。

② 检查电缆头与设备接触是否良好。

③ 检查电缆头及电缆中间对接头、电缆线路有无发热现象。

8.7.3　检修准备工作

① 工作准备：办理相关检修工作票，工作人员学习危险点分析及预防控制措施。

② 备件及耗材准备：电缆、电缆头、绝缘胶带、锯条等。

③ 工器具准备：扳手、螺丝刀、电缆刀、电工刀、压线钳子、铁剪子、钢锯弓、热缩枪、电烙铁、电缆故障测试仪等。

8.7.4　检修工艺要求

电缆检修工艺及质量标准见表 8-20。

表 8-20　电缆检修工艺及质量标准

检修项目	检修工艺	质量标准
1. 转机设备及直配线电缆检查	（1）工作前必须详细核对电缆名称，必要时要核对电缆敷设的平面图，还要检查接地线、标识牌等安全措施是否与工作票所写的相符合，确认无误后，方可进行工作。 （2）锯电缆之前，必须与电缆图纸核对是否相符，并确切证实电缆无电后，用接地的带木柄的铁钎钉入电缆芯后，方可工作。 （3）扶木柄的人应戴绝缘手套并站在绝缘垫上。 （4）在拆装接头前后都必须核对电缆标志和相位，严防接线错误造成相间短路。拆接头前，必须做好标志。 （5）如受潮，应将其干燥（可用红外线灯泡、电热风机、白炽灯泡等）到绝缘电阻上升到稳定值后 2 h，绝缘电阻吸收比 $R_{60\,s}/R_{15\,s}$ 大于 1.3 时停止干燥。 （6）对电缆中间接头要着重检查有无过热漏油、鼓包、流胶现象，检查有无机械损伤，并及时处理。 （7）电缆沟和电缆穿过的地方应堵塞一切通入电气设备（母线和配电设备）的孔洞，防止老鼠等钻入，避免发生事故。 （8）彻底检查电缆是否有老化、受潮、绝缘损坏、因外力造成的机械损伤。	电缆终端头绝缘子应完整清洁，引出线的连接处应保持紧固，无发热现象；接地线芯应良好，无松动、断股现象；电缆终端头应固定牢固，不应承受任何外力，接线耳与所连接的电气设备的接触面接触应良好，螺丝应紧固，无发热和脱焊现象；电缆的保护管应良好，保护管的端头应密封良好，拴在电缆上的标识牌应完整无脱落，标识牌应注明电缆的用途、规格、长度、起止点等，电缆的标识牌应拴在两端和转弯处，电缆中间接头应无过热漏油、鼓包、流胶现象，无机械损伤。
2. 电缆（包括电缆沟内沿墙敷设的电缆）、电缆夹层及电缆隧道检查	检查电缆标识是否完整，检查沿墙敷设的电缆架是否牢固，检查有无松动或锈烂现象，电缆沟和电缆穿过的地方应堵塞一切通入电气设备（母线和配电设备）的孔洞，防止老鼠的钻入，避免发生事故。彻底检查电缆是否有老化、受潮、绝缘损坏、因外力造成的机械损伤。检查电缆沟及电缆隧道内有无渗水、漏水现象，有无堆积的污物。	电缆沟及电缆隧道内应无渗水、漏水现象，无堆积污物，电缆隧道及电缆沟内支架应牢固，无松动或锈烂现象，电缆的保护管应良好，保护管的端头应密封良好；在电缆沟内（隧道内）做电缆工作，结束后应及时清理现场，保持电缆沟（隧道）干燥、整洁。

续表

检修项目	检修工艺	质量标准
3. 埋在地下的电缆检查	（1）埋在地下的电缆,当地上的覆盖物有可能破坏时(如遇流水、暴雨或使电缆受潮,或由于施工挖掘电缆上的土壤而认为造成机械损坏),应进行特殊的检查,并采取措施消除不安全因素。	埋在地下的电缆应无受潮,无绝缘损坏、物理损坏等现象。
	（2）检查路面是否完整,能否保证地下电缆不受到直接的损伤,检查线路标桩是否完整、清楚。	地下敷设的电缆,其所在地面应完整,对电缆有保护作用,地面上有明显、清楚的线路标桩。
4. 户外露天装置电缆检查	检查接触是否良好,标识牌是否完整、清楚,电缆有无老化、受潮、绝缘损坏或因外力而造成的机械损伤。	户外露天装置电缆,其接触应良好,标识牌应完整、清楚,电缆无老化、受潮、绝缘损坏或因外力而造成的机械损伤等现象。
5. 电缆终端头绝缘子、引出线检查	检查电缆终端头绝缘子是否完整、清洁,有无损坏,引出线的连接处是否保持紧固,有无发热现象。	电缆终端头绝缘子应完整、清洁,引出线的连接处应保持紧固,无发热现象。
6. 电缆终端头接地线芯检查	检查电缆终端头接地线芯是否良好,是否有松动、断股现象。	电缆终端头接地线芯应良好,无松动、断股现象。
7. 电缆沟、电缆隧道渗漏检查	检查电缆沟及电缆隧道内是否有渗水、漏水现象,是否有堆积污物。	电缆沟及电缆隧道内应无渗水、漏水现象,无堆积污物。
8. 电缆隧道及电缆沟支架检查	检查电缆隧道及电缆沟内支架是否牢固,是否有松动或锈烂现象,要及时清理现场,保持电缆隧道干燥、整洁。	电缆隧道及电缆沟内支架应牢固,无松动或锈烂现象,保持电缆隧道及支架干燥、整洁。

第9章　二次控保系统检修规程

9.1　调相机继电保护及自动化检修

9.1.1　设备概况

调相机继电保护及自动化设备包含调相机变压器组保护、静止变频器（SFC）隔离变压器保护、自动准同期装置、故障录波器等。

9.1.2　检修周期及检修项目

（1）检修周期
检修周期与调相机组检修周期一致，按照总体要求的周期和工期开展检修工作。
（2）检修项目
① 装置外部检查。
② 装置绝缘检查。
③ 装置电源检查。
④ 装置硬件检查。
⑤ 装置开入接点检查。
⑥ 装置开出接点检查。
⑦ 交流采样回路检查。
⑧ 定值检查。
⑨ 整组试验。
⑩ 投运前检查。
⑪ 必要时，可根据具体情况参照 DL/T 995—2016 等相关标准补充检验项目。

9.1.3　检修准备工作

① 工作准备：办理系统工作票、二次安全措施票，工作人员学习危险点分析及预防控制措施。依据日常巡检情况分析设备状况；依据非标、更改项目；依据运行中发现的缺陷填写缺陷表；工序卡、安全技术措施准备充分等。
② 备件及耗材准备：装置备品备件、绝缘胶布等。
③ 工器具准备：钳形表、相序表、继电保护测试仪、万用表、兆欧表、万用电桥、工频试验电源、直流稳压电源、数字交直流电压电流谐波钳表、多功能二次回路检测装置、模

拟断路器、综合移相器、螺丝刀、活扳手等。

9.1.4 检修工艺要求

调相机继电保护及自动化设备检修工艺及质量标准见表 9-1。

表 9-1 调相机继电保护及自动化设备检修工艺及质量标准

检修项目	检修工艺	质量标准
1. 装置外部检查	（1）检查保护屏上的标志及切换压板的标志。	标志完整、正确、清楚，与图纸相符。
	（2）检查插件接触是否紧密。	接触紧密。
	（3）检查插件上是否有焊接不良、线头松动的现象。	电路板完好，无焊接部分松动、开焊等现象。
	（4）检查保护装置的电源是否正常。	保护装置的 24 V、5 V 电源正常。
	（5）检查保护装置背板接线、卡件是否可靠。	背板接线、卡件插接良好。
	（6）检查端子排接线是否可靠。	端子排上无松动的线头，拆开的线头绝缘良好。
	（7）检查切换压板的螺丝是否紧固。	切换压板各端螺丝紧固，各位置压接良好。
2. 装置绝缘检查	（1）做好绝缘检查前的准备工作，防止高压将芯片击穿。	装置已停电，CPU 插件、模数转换（VFC）插件、信号输出（SIG）插件、电源插件、光点隔离插件已断开，已拔出打印机的串行口。检查保护屏的接地良好。
	（2）微机保护装置用 1000 V 摇表分别对交流电流回路、直流电压回路、信号回路、出口引出触点对地进行绝缘电阻测量。	要求大于 1.0 MΩ。
	（3）交流电流回路、直流电压回路、信号回路、出口引出触点全部短接后对地进行绝缘电阻测试。	要求大于 1.0 MΩ。
	（4）交流电流回路、直流电压回路、信号回路、出口引出触点绝缘电阻试验合格后，将上述回路短接，进行工频耐压试验。	电压 1000 V，做历时 1 min 的试验，过程中应注意无击穿或闪络现象。试验结束后，复测整个二次回路绝缘电阻，应无显著变化。
	（5）当现场进行耐压试验有困难时，可用 2500 V 摇表测试绝缘电阻的方法代替。	
3. 装置电源检查	（1）检查保护插件的绝缘情况。	绝缘良好。
	（2）检查保护屏上收发信息等其他装置的直流电源开关在断开位，用专用的双极刀闸，接入专用的试验直流电源。	测量逆变电源的各级输出电压值及检测逆变电源的波纹电压值，应在允许范围内，并保持稳定。
	（3）将专用试验电源由零缓慢升至 80% 额定电压（U_n），检查逆变电源插件上的电源指示灯应点亮；此时断开、合上逆变电源开关，逆变电源指示灯应正确指示。	
	（4）在只插入逆变电源插件的空载情况下和所有插件均插入的正常带载情况下，调节专用试验电源至 80%U_n、100%U_n、115%U_n。	

检修项目	检修工艺	质量标准
4. 装置硬件检查	(1) 检查液晶显示器是否接触良好,是否存在液晶溢出或屏幕字符缺笔画等异常现象;检查键盘是否存在按键不可靠,光标上、下移动不灵活等现象。	键盘和显示器均能正常工作。
	(2) 保护定值修改固化操作后,是否存在不能进行定值修改的现象。	保护定值固化良好。
	(3) 检查定值拨轮是否存在切换卡涩现象而造成 EEPROM 出错;定值拨轮能否切换到位;定值拨轮切换后,能否打印出相应定值区的定值。	保护定值打印良好。
	(4) 保护定值修改后,断开保护电源 10 s,检查保护定值是否发生变化。	定值未见异常。
	(5) 装置时钟修改后,断开保护电源 10 s,检查时钟运行是否良好。	时钟显示良好。
	(6) 检查在关机、保护装置故障及异常情况下,装置输出是否正常。	装置输出报文正常,报告打印正常。
	(7) 装置整机复位或各 CPU 插件分别复位,运行灯或 OP 灯亮,保护装置自检应该正常。	装置自检正常。
	(8) 对照装置或屏柜直流电压极性、等级,检查装置或屏柜的接地端子可靠接地。	装置及屏柜接地良好。
	(9) 加上直流电压,合上装置电源开关和非电量电源开关。	延时几秒钟,装置"运行",绿灯亮;"报警",黄灯灭;"跳闸",红灯灭。
5. 装置开入接点检查	(1) 依次投入和退出屏上相应压板及相应开入接点[短接线将输入公共端(+24 V)与开关量输入端短接]。	① 屏上相应压板检查与保护板和管理板显示对应。 ② 保护开入接点检查与保护板和管理板显示对应。 ③ 外部强电开入接点检查与保护板和管理板显示对应。
	(2) 查看保护装置液晶显示"保护状态"子菜单中"开入量状态"是否正确,是否和投入或退出的压板相对应,以检查保护的逻辑判断及接线的正确性。	
	(3) 记录短接开入的接点端子号、屏柜压板名称、保护板状态、管理板状态。	
6. 装置开出接点检查	(1) 报警信号接点检查。人为短接信号接点,或从装置上"开出"报警信号。当装置自检发现硬件错误时,报警、闭锁装置出口,并灭掉"运行"灯;所有工作于信号的保护动作后,点亮"报警"灯,并启动信号继电器 BJJ 及相应的报警继电器,报警信号接点为瞬动接点。	保护正确动作,信号正确,装置记录正确。
	(2) 跳闸信号接点检查。将保护屏上的所有出口压板全部退出,从装置上"开出"跳闸信号。所有动作于跳闸的保护动作后,点亮 CPU 板上"跳闸"灯,并启动相应的跳闸信号继电器。"跳闸"灯、中央信号接点为自保持。	保护正确动作,信号正确,装置记录正确。

续表

检修项目	检修工艺	质量标准
6. 装置开出接点检查	（3）整定跳闸矩阵,通过改变跳闸控制字,确定保护元件的跳闸方式。投入填写"1",退出填写"0"。该项工作在保护装置第一次投运之前由厂家技术人员完成,在以后的运行过程中,不得随意更改。检验中只检查跳闸控制字和定值单是否一致,如有变化,必须分析查找原因;跳闸输出接点检查。将保护屏上的所有出口压板全部退出。从装置内"开出"检验的保护功能,分别在装置背板上和屏柜内的端子排上检查接点的输出情况,并进行详细的记录。	保护正确动作,信号正确,装置记录正确。
	（4）其他接点输出检查。将保护屏上的所有出口压板全部退出。从装置内"开出"检验的保护功能,分别在装置背板上和屏柜内的端子排上检查接点的输出情况,并进行详细记录。	保护正确动作,信号正确,装置记录正确。
7. 交流采样回路检查	（1）将保护屏上的所有出口压板全部退出。 （2）在保护屏上电流、电压输入端子上加入正常运行时的额定电流 5 A,星侧输入额定电压 57.7 V,主变零序电压输入 100 V,机端零序电压输入 10 V,发电机转子电压输入 220 V。	进入装置菜单中的"保护状态",对照液晶显示值与加入值,二者应该相等,误差在 2% 以内可视为合格。
8. 定值检查	（1）查看装置管理板和保护 CPU 板各套保护的定值清单。	定值校验符合微机保护误差要求,保护显示器上的定值及打印的定值与定值通知单相符。
	（2）进行定值校验。	
	（3）打印各套保护的定值清单。	
9. 装置整组试验	（1）使用笔记本电脑和三相微机保护实验装置。 （2）将装置系统定值总控制字"保护传动试验状态"投入,此时保护装置显示"传动试验状态"。 （3）试验时通道保护屏端子排处的电流、电压的相位关系应与实际情况完全一致。 （4）如果同一被保护设备的各套保护装置皆接于同一电流互感器二次回路,则按回路的实际接线,自电流互感器引进的第一套保护屏的端子排上接入试验电流、电压,以检验各套保护相互间动作关系的正确性。如果同一被保护设备的各套保护装置分别接于不同的电流回路,则应临时将各套保护的电流回路串联后进行整组试验。 （5）将保护装置接到实际的断路器回路中,进行必要的跳、合闸试验,以检验各有关跳合闸回路、防止跳跃回路、断路器的气压（液压）闭锁回路动作的正确性,每一项的电流、电压及断路器跳合闸回路的相别是否一致。	① 各套保护间的电压、电流回路的相别及极性一致。 ② 各套保护有配合要求的在灵敏度和时间上满足配合要求。所有的动作元件应与其工作原理及回路接线相符。 ③ 在同一类型的故障下,应该同时动作于发出跳闸脉冲的保护;在模拟短路故障时应均能动作,其信号指示正确。 ④ 所有相互间存在闭锁关系的回路,其性能与设计相符。 ⑤ 所有在运行中由运行人员操作的把手、压板、信号标识、位置名称正确。 ⑥ 中央信号装置的动作及有关光、音信号指示正确。 ⑦ 各套保护在直流电源正常及异常状态下（自端子排处断开其中一套保护的负电源等）不存在寄生回路。 ⑧ 断路器合、跳闸回路动作正确。 ⑨ 在直流电源可能出现最低（实际可能的最大负荷）值的运行情况下,检验保护装置应工作可靠。 ⑩ 试验时,检查装置的报文与实际传动的保护动作情况一致。

检修项目	检修工艺	质量标准
10. 与其他系统配合的检验	与厂站自动化系统、继电保护及故障信息管理系统的配合检验。	各保护动作信息、保护状态信息、录波信息及定值信息和告警信息正确。
11. 装置投运试验	（1）同期功能检验。	开关传动正确,采用主变压器倒送电（断开调相机机端软连接）时,同期电压回路正确;机组假同期试验时,电压波形、导前时间正确。
	（2）一次通流试验。	电流的幅值及相位关系正确,电流差动保护各组电流极性正确,定、转子接地电阻采样正确。

9.2 调相机静止变频启动系统(SFC)检修

9.2.1 设备概况

静止变频启动系统(SFC)分为一次系统和二次系统。一次系统包括输入断路器、输入变压器、12 脉整流桥、平波电抗器、6 脉逆变桥、切换刀闸和高压隔离刀闸等。二次系统包括系统保护和静止变频器控制单元。

9.2.2 检修周期及检修项目

（1）检修周期

检修周期与调相机组检修周期一致,按照总体要求的周期和工期开展检修工作。

（2）检修项目

① 装置外部检查。

② 装置绝缘检查。

③ 装置电源检查。

④ 装置硬件检查。

⑤ 零漂检查。

⑥ 模拟量精度检查。

⑦ 开入量检查。

⑧ 整组试验。

⑨ 必要时,可根据具体情况参照 DL/T 596—2021 等相关标准补充检验项目。

9.2.3 检修准备工作

① 工作准备:办理系统工作票,工作人员学习危险点分析及预防控制措施。

② 备件及耗材准备:装置备品备件、绝缘胶布等。

③ 工器具准备:钳形表、相序表、继电保护测试仪、万用表、兆欧表、万用电桥、工频

试验电源、直流稳压电源、数字交直流电压电流谐波钳表、多功能二次回路检测装置、模拟断路器、综合移相器、螺丝刀、活扳手等。

9.2.4 检修工艺要求

静止变频启动系统检修工艺及质量标准见表 9-2。

表 9-2 静止变频启动系统检修工艺及质量标准

检修项目	检修工艺	质量标准
1. 变频控制单元	（1）控制柜设备清扫及二次接线端子紧固。	控制柜内无积尘，端子紧固。
	（2）检查柜内设备安装情况。	设备安装牢固且无腐蚀。
	（3）检查各种电源的电压值（包括交流及直流电源）。	电压值误差应在合格范围内。
	（4）测量电源电缆绝缘电阻。	绝缘电阻值应满足 DL/T 596—2021 的规定。
	（5）中间继电器和接触器校验。	继电器和接触器参数满足设备技术文件要求。
	（6）变送器校验。	变送器参数满足设备技术文件要求。
	（7）保护定值校验。	定值满足设备技术文件要求。
	（8）控制器检查。	控制器接线正确，控制器通电检查正常。
	（9）可控硅脉冲触发系统检查。	脉冲波形正确，各参数满足设备技术要求。
	（10）模拟量测量环节试验。	模拟量信号满足设备技术要求。
	（11）开关量输入、输出试验。	开关量输入、输出正确，继电器工作正常。
	（12）电源切换试验。	控制电源切换正确。
	（13）与监控系统及其他系统间的接口信号检查。	信号传输正常。
2. 整流逆变单元检修	（1）盘柜清扫。	柜内元件干净无尘。
	（2）风机清扫检查。	风机清洁，无异常。
	（3）功率元件及连接回路检查。	功率元件及连接回路正常。
	（4）可控硅并联电阻、电容测试。	电阻值和电容值满足设备技术文件要求。
	（5）电缆绝缘检查和试验。	电缆绝缘符合 DL/T 596—2021 的相关规定。
	（6）可控硅触发试验。	可控硅触发脉冲满足设备技术文件要求。
3. 隔离变压器检修	（1）隔离变压器绝缘检查和试验。	隔离变压器绝缘符合 DL/T 596—2021 的相关规定。
	（2）盘柜端子检查。	盘柜端子可靠紧固。
	（3）核查隔离变压器温度保护。	确认报警信号正确，温度保护启动风机正常。
	（4）SFC 交流进线核相。	送至 SFC 交流进线柜相序正确。

续表

检修项目	检修工艺	质量标准
4. 其他辅助设备检修	（1）电抗器清扫检查。	电抗器外观洁净无异常，各部件连接紧固。
	（2）电抗器绝缘检查和试验。	电抗器绝缘符合 DL/T 596—2021 的相关规定。
5. 分系统、系统试验	（1）故障联动试验。	SFC 系统与监控系统、励磁系统故障联动逻辑满足要求。
	（2）启动逻辑试验。	SFC 系统与监控系统、励磁系统联锁启动逻辑满足要求，SFC 切换正确。
	（3）电气联锁逻辑验证试验。	SFC 电气联锁逻辑正确。
	（4）机组转子通流试验（初始位置检测试验）。	SFC 至励磁系统的励磁电流参考值、励磁电流反馈值正常；SFC 与励磁系统参数对标无误；转子位置计算结果一致性满足设备技术要求。
	（5）机组定子通流试验。	SFC 至调相机端一次回路连通良好；强迫换相阶段回路电流控制正常。
	（6）机组转向试验（点动试验）。	SFC 拖动机组转动，机组转动方向与调相机技术说明书一致。
	（7）远方自动方式启动调相机并网试验。	监控系统对 SFC 系统、励磁系统及同期装置之间的协调控制功能正常，机组并网后，SFC 停机流程正确。

第10章 热控设备检修规程

10.1 压力表检修

10.1.1 设备概况

弹性元件在介质压力作用下产生弹性变形,该变形通过压力表的齿轮传动机构放大,压力表就会显示出相对于大气压的相对值。在测量范围内的压力值由指针显示,刻度盘的指示范围一般做成0°~270°。

测量精确度等级:1.0。

压力表类型:真空压力表、中压表及高压表等。

10.1.2 检修周期及检修项目

(1)检修周期

① 大修每5~8年进行一次。

② 小修每年进行一次。

③ 压力表坏或检验周期到,随时检修。

(2)检修项目

① 压力表拆回。

② 压力表外观检查、卫生清扫。

③ 压力表性能检查、调校。

④ 压力表回装。

⑤ 压力表的定点、定期检定。

10.1.3 检修准备工作

① 工作准备:办理工作票,工作人员学习危险点分析及预防控制措施。

② 备件及耗材准备:酒精、抹布、聚四氟乙烯垫、绑扎带等。

③ 工器具准备:活扳手、螺丝刀、标准压力校验仪(0.05级)、精密压力表(0.25级)等。

10.1.4 检修工艺要求

① 关闭取样点一次阀门后,关闭二次阀门缓慢泄压,当管道内无水和蒸汽时,拆下

压力表,将取压管道口封堵好。

② 取下压力表表盖、压环、面板玻璃,清擦干净,压力表的表面玻璃应无色透明、完好清洁、嵌装严密,不应有妨碍读数的缺陷和损伤。

③ 零点检查。有零点限止钉的仪表,其指针应紧靠在限止钉上,缩格不得超过最大允许基本误差的绝对值;无零点限止钉的仪表,其指针应在零点分度线宽度范围内。

④ 精度校验。轻敲表壳,观察、记录指针示值变动量,被校表指针示值变动量不得超过最大允许基本误差绝对值的 1/2。

⑤ 缓慢升压(疏空)至被校表量程,观察指针在全分度范围内的移动状况。被校表指针在全分度范围内移动应平稳,不得有卡涩、跳动现象。

⑥ 被校表缓慢升压(疏空)到满量程时,做严密性试验,然后降压至 0,检查指针是否归零,耐压试验时间为 3 min(重新焊接的弹簧管耐压时间为 10 min),降压后指针应归零。

⑦ 选择校验点进行升降压逐点校验,观察、记录上下行程各点示值变化。校验点一般不少于 5 点,且按标有数字的分度线进行(包括零点)校验。检定时在每一个检定点,标准表应对准整刻度读被检表,按分度值的 1/5 估读。被检表示值应读两次,轻敲前、后各读一次,其差值记为轻敲位移。在同一检定点,上升和下降时的读数之差记为回程误差(变差)。压力表的示值应按分度值的 1/5 估读,压力表最大示值误差应不大于允许误差,回程误差不应超过允许误差的绝对值,轻敲指针变动量不应超过允许误差绝对值的 1/2。

⑧ 检定工作完毕后,对于校验合格的压力表,检查其所有螺钉是否紧固,装置铅封,贴上标明校验日期与校验周期的检定合格证,出具检验合格证书。校验不合格的压力表可降级使用。

⑨ 压力表回装。安装前应仔细核对型号、量程、精确度等级是否符合理想使用的要求。压力表安装应牢固,工艺整齐、美观,接头密封良好。压力表与取样管连接的丝扣不得缠麻,应加垫片,高压表计应加金属垫片。

⑩ 压力表投运。检查二次阀门及各管路接头处应严密无渗漏。

10.2 压力(差压)变送器检修

10.2.1 设备概况

压力(差压)变送器主要由压力测量元件传感器、测量电路和连接件等组成。它能将测压元件传感器感受到的气体、液体等物理压力参数转变成标准的电信号[如 4~20 mA(DC)等],以供给指示报警仪、记录仪、调节器等二次仪表进行测量、指示和过程调节。这样,压力的力学信号就转化为电子信号,压力和电流成线性关系,电脑就显示比例。

测量精确度等级:0.25。

压力变送器类型:表压、绝压、负压、真空度、差压等。

10.2.2　检修周期及检修项目

（1）检修周期
① 大修每 5~8 年进行一次。
② 小修每年进行一次。
③ 变送器显示异常或检验周期到,随时检修。
（2）检修项目
① 变送器拆回。
② 变送器外观检查、清扫。
③ 变送器性能检查、调校。
④ 变送器回装。
⑤ 变送器的定点、定期检定。

10.2.3　检修准备工作

① 工作准备:办理工作票,工作人员学习危险点分析及预防控制措施。
② 备件及耗材准备:酒精、抹布、聚四氟乙烯垫、绑扎带等。
③ 工器具准备:活扳手、螺丝刀、万用表、标准压力校验仪(0.05 级)、精密压力表(0.25 级)等。

10.2.4　检修工艺要求

① 变送器拆回。关闭变送器二次阀门(差压变送器应打开平衡门),缓慢松开接头泄压后,拆下变送器。拆下变送器后封堵好各取压管口,对拆下的信号线做好标记,并用绝缘胶布包好。
② 变送器外观检查、清扫。检查变送器外观,包括铭牌、标志、外壳等,外观应整洁,零件完整无缺,铭牌与标志齐全、清楚,外壳旋紧盖好。
③ 检查变送器内部,包括电路板、接线端子、表内接线、线号、引出线等,内部应清洁,电路板及端子固定螺丝齐全、牢固,表内接线正确,编号齐全、清楚,引出线无破损或划痕。
④ 检查仪表二次阀门、平衡门的严密性,检查手轮标志及操作性能。二次阀门、平衡门应完好、严密,手轮齐全且标志正确、清楚,操作灵活。
⑤ 检查变送器接头螺纹有无滑扣、错扣,紧固螺母有无滑丝现象。
⑥ 用蘸有酒精的白布轻擦电路板、元器件,用抹布清洁壳体卫生。
⑦ 密封性检查。在压力室施加 1.25 倍的测量上限压力做耐压试验,密封 15 min,在最后的 5 min 通过压力表观察,其压力值下降或上升不得超过测量上限值的 2%;差压变送器在密封性检查时,高低压力容室连通,并同时引入额定工作压力进行观察。
⑧ 绝缘性能检查。用兆欧表检查输出端子对外壳电阻、测量回路对地绝缘电阻。输出端子对外壳电阻 ≥ 20 MΩ,测量回路对地绝缘电阻 ≥ 10 MΩ。
⑨ 零点、量程、阻尼时间调整。分别输入"零"压力和"满量程"压力,调整零点(量程)电位器,使输出为 4~20 mA,根据情况进行零点迁移和阻尼时间调整。

⑩ 精度校验。选择校验点进行升、降压逐点校验,观察、记录上下行程各点输出值的变化,在整个测量范围内做 3 个循环的操作。校验点一般不少于 5 点,且均匀分布在整个测量范围内,计算的各点基本误差、回程误差应符合仪表精度要求。

⑪ 变送器回装。变送器安装应牢固,并采取可靠的密封措施,线路按原先做好的标记接线,工艺整齐、美观。

⑫ 变送器投运。用万用表、绝缘表检查电气回路正确后给变送器送电,缓慢打开一次阀门检查管路是否泄漏,确认不泄漏后打开排污门排污,排污后关闭排污门。缓慢打开二次阀门(差压变送器应先打开正压门,再关闭平衡门,最后打开负压门),变送器投入后检查变送器输出是否正常。

10.3　压力(差压)开关(控制器)检修

10.3.1　设备概况

压力(差压)开关是一种通过气体或液体的压力作用来驱动开关的电接触器件,主要由动力或压力敏感元件(感受外界压力)、机械联动机构(传递压力)、微动开关(由常开、常闭触点执行动作)等部分组成。当敏感元件受到外界气体或液体的驱动压力能克服压缩弹簧的弹力时,则推动活塞顶杆上移,致使微动开关动作(即常闭触点断开,常开触点闭合),以对电路进行通断控制。当外界压力消失或压力较低时,活塞在弹簧的作用下脱离微动开关,使触点系统复位。

测量精确度等级:0.25。

10.3.2　检修周期及检修项目

(1) 检修周期
① 大修每 5~8 年进行一次。
② 小修每年进行一次。
③ 压力(差压)开关(控制器)动作偏离定值时,随时检修。
(2) 检修项目
① 压力(差压)开关(控制器)拆回。
② 压力(差压)开关(控制器)外观检查、清扫。
③ 压力(差压)开关(控制器)性能检查、调校。
④ 压力(差压)开关(控制器)回装。

10.3.3　检修准备工作

① 工作准备:办理工作票,工作人员学习危险点分析及预防控制措施。
② 备件及耗材准备:酒精、抹布、聚四氟乙烯垫、绑扎带等。
③ 工器具准备:活扳手、螺丝刀、万用表、标准压力校验仪(0.05 级)、精密压力表(0.25 级)等。

10.3.4 检修工艺要求

① 压力(差压)开关(控制器)拆回。关闭变送器二次阀门(差压变送器应打开平衡门),缓慢松开接头泄压后,拆下变送器。拆下变送器后封堵好各取压管口,对拆下的信号线做好标记,并用绝缘胶布包好。

② 压力(差压)开关(控制器)外观检查、清扫。检查压力(差压)开关(控制器)外观,铭牌应完整清晰,标志齐全(产品名称、型号、级别、规格、控压范围、制造厂名称或商标、出厂编号、制造年月等),外壳应光洁完好。

③ 检查开关(控制器)内部,包括紧固件、弹性元件、传动机构、接线端子、接线、线号、引出线等,内部应清洁、无杂物,紧固件无松动,弹性元件无变形,传动机构无晃动、卡涩,接线端子固定螺丝齐全、牢固,接线正确,线号齐全清楚,引出线无破损或划痕。

④ 检查仪表二次阀门、平衡门的严密性,检查手轮标志及操作性能。二次阀门、平衡门应完好、严密,手轮齐全且标志正确、清楚,操作灵活。

⑤ 检查开关(控制器)接头螺纹有无滑扣、错扣,紧固螺母有无滑丝现象。

⑥ 密封性检查。施加 1.25 倍的测量上限压力做耐压试验,耐压时间为 5 min,加压后开关(控制器)及其连接部分不得有渗漏、损坏现象。

⑦ 绝缘性能检查。将控制器电源断开,用额定直流电压为 500 V 的兆欧表进行绝缘性能测量,示数稳定 10 s 后进行读数。检查各接线端子与外壳之间的绝缘电阻,以及互不相连的接线端子之间的绝缘电阻。当触头断开时,检查连接触头的两接线端子之间绝缘电阻,要求在环境温度为 15~35 ℃、相对湿度为 45%~75% 时,控制器两端子之间的绝缘电阻应不小于 20 MΩ。

⑧ 绝缘强度检查。利用耐电压试验仪,在开关各接线端子与外壳、互不相连的接线端子之间施加频率为 45~65 Hz 的 1500 V 交流电压,历时 1 min,应无击穿和飞弧现象。

⑨ 触点检查。检查微动开关和机械触点是否氧化,闭合或释放动作是否准确可靠,触点接触是否良好,接触电阻应小于 3 Ω,动作应准确可靠。

⑩ 设定点误差校验。将设定点调至动作值,然后缓慢升压至触点动作,记下上切换值;再由该处缓慢减压至触点动作,记下下切换值。用同样的方法检定 4 次,4 次的上切换值平均值和下切换值平均值的中值为切换中值,切换中值与设定值之差相对于量程的百分比即为设定点误差,该误差应符合仪表精度要求。

⑪ 重复性误差校验。在检定设定点误差时,同一个检定点通过 3 次测量得到上切换值之间最大差值和下切换值之间最大差值,在两者中取一个大的差值相对于量程的百分比为控制器的重复性误差,该误差应符合仪表精度要求。

⑫ 切换差校验。检查控制器设定点的上升动作值与下降动作值之差,根据情况进行调整。切换差不可调的控制器,其切换差应不大于量程的 10%;切换差可调的控制器,其最大切换差应不小于量程的 30%,最小切换差应不大于量程的 10%。

⑬ 投入前检查。投入前应检查取压点至装置间的静压差是否被修正,由静压差造成的装置发讯误差应不大于给定越限发讯报警绝对值的 0.5%。二次阀门、平衡门、排

污门及各管路接头处应严密不漏,二次阀门和排污门应处于关闭状态,差压开关(控制器)平衡门应打开。

⑭ 开关(控制器)投运。开关(控制器)送电前需用万用表检查电气回路是否正确,稍开一次阀门检查确认取样管路各接头处无泄漏后,全开一、二次阀门(差压变送器应先打开正压门,再关闭平衡门,最后打开负压门)。

10.4　热电阻检修

10.4.1　设备概况

热电阻是利用金属导体的电阻随温度的变化而变化的原理,通过测量导体的电阻值来间接获得温度值,所以测量出感温热电阻的阻值变化,就可以测量出温度。热电阻大都由纯金属材料制成,目前应用最多的是铂和铜。

接线方式:三线制。

常采用的热电阻类型:Pt100 铂热电阻。

热电阻的分类:铠装热电阻、端面热电阻和防爆型热电阻。

10.4.2　检修周期及检修项目

(1)检修周期

① 大修每 5~8 年进行一次。

② 小修每年进行一次。

(2)检修项目

① 热电阻的检定。

② 保护套管的检查和试验。

③ 测温元件的绝缘检查,热电极和焊接点的检查。

10.4.3　检修准备工作

① 工作准备:办理工作票,工作人员学习危险点分析及预防控制措施。

② 备件及耗材准备:酒精、抹布、聚四氟乙烯垫、绑扎带等。

③ 工器具准备:活扳手、螺丝刀、万用表、绝缘表、热电阻自动校验装置等。

10.4.4　检修工艺要求

① 对热电阻进行外观检查。热电阻应有铭牌,铭牌上应有制造厂、型号、分度号、允许偏差等级、适用温度范围、插入深度、出厂日期及编号等信息;各部分装配正确、可靠、无缺陷。

② 绝缘电阻的测量。用绝缘电阻表测量绝缘电阻,测量时应将热电阻各个接线端子相互短路,并接至绝缘电阻表的一个接线柱上,绝缘电阻表另一个接线柱的导线紧夹于热电阻的保护管上。具有多支感温元件的热电阻,还应测量不同感温元件输出端之

间的绝缘电阻。

③ 热电阻的检定。热电阻的检定需根据大小修时间安排对重要测点进行检验,对其他点可采用抽检的方法,应根据具体情况而定。当热电阻的电阻系数 α 的偏差超过允许值,但在 0 ℃、100 ℃ 和上限温度点的电阻值均符合允许偏差的规定时,则该热电阻判断为合格,反之则为不合格。经检定符合本规程要求的热电阻和感温元件发给检验合格证书,不符合本规程要求的发给检定结果通知书。

④ 保护套管的检查和试验。保护套管的检查和试验应随主设备的大修、小修同时检查,不应有弯曲、扭斜、压偏、堵塞、裂纹、沙眼及严重腐蚀和磨损等缺陷。用于高温高压介质中的套管,应具有材质检验报告,其材质的钢号应符合规定。

⑤ 测温元件的绝缘和焊接点检查。感温元件绝缘瓷套管的内孔应该光滑,接线盒、盖板、螺丝等应完整,铭牌标志应清楚,各部分装配应牢固可靠。当周围空气温度为 5~35 ℃、相对湿度不大于 85% 时,热电阻感温元件与保护套管之间以及双支感温元件之间的绝缘电阻用 250 V 绝缘表测量应不小于 20 MΩ。

⑥ 电缆检查。电缆应无接地、磨损现象,绝缘合格,三线电阻应匹配。

10.5 干簧管液位计(电接点液位计)检修

10.5.1 设备概况

干簧管液位计(电接点液位计)主导管内装有一组干簧管和精密电阻,当管外磁性浮子随液位上下变化时,主导管内位于液面处的干簧依次接通,使传感器的电阻值发生变化,接线盒内的转换电路模块将其阻值转换成 4~20 mA 的电流输出。

10.5.2 检修周期及检修项目

(1) 检修周期
① 大修每 5~8 年进行一次。
② 小修每年进行一次。
(2) 检修项目
① 外观检查。
② 接线检查。
③ 回路测试。

10.5.3 检修准备工作

① 工作准备:办理工作票,工作人员学习危险点分析及预防控制措施。
② 备件及耗材准备:酒精、抹布、聚四氟乙烯垫、绑扎带等。
③ 工器具准备:活扳手、螺丝刀、万用表、绝缘表、热电阻自动校验装置等。

10.5.4 检修工艺要求

① 外观检查。仪表管壁紧贴液位计主导管,并用不锈钢抱箍固定(禁用铁质);感

应面应面向并紧贴主导管;零液位应与磁翻板液位计零液位处于同一水平线。外观无大的缺陷,筒体无变形、无渗漏,浮子上下移动正常、无卡涩。

② 接线检查。表头应密封严密、无进水,主板外观完好,电子元件没有高温灼伤痕迹,信号线对地绝缘正常。

③ 仪表回路测试。测量液位计信号电流值,该电流值应与 DCS 显示值及就地磁翻板显示值一致。

10.6　在线溶解氧分析仪检修

10.6.1　设备概况

在线溶解氧分析仪为高智能化在线连续监测仪,可以配极谱式电极,自动实现从 10^{-9} 级到 10^{-6} 级的宽范围测量,是检测液体中氧含量的专用仪器。它具有响应快、稳定、可靠、费用低等特点。输出信号为 $4\sim20$ mA 电流。

分 辨 度:0.1 μg/L;0.01 mg/L;温度:0.1 ℃。

基本误差:±1.0%FS,μg/L;±0.5%FS,mg/L;温度:±0.5 ℃。

输出信号:$4\sim20$ mA。

10.6.2　检修周期及检修项目

(1) 检修周期

① 大修每 $5\sim8$ 年进行一次。

② 小修每年进行一次。

(2) 检修项目

① 电极清洗、保养。

② 仪表取样管路及流通池检修、清洗。

③ 变送器检查。

④ 仪表复装、校准。

10.6.3　检修准备工作

① 工作准备:办理工作票,工作人员学习危险点分析及预防控制措施。

② 备件及耗材准备:氧电极备件包、溶解氧分析仪电极、抹布、绑扎带等。

③ 工器具准备:活扳手、螺丝刀、万用表、尖嘴钳、钢丝钳、斜口钳、绝缘表、加长球形内六角扳手等。

10.6.4　检修工艺要求

① 表计停电、系统隔离。断开变送器电源,在仪表电源柜设置"禁止合闸,有人工作!"标识牌。关闭仪表架取样阀门,将仪表采样管路与减温减压系统进行隔离。

② 电极拆卸。验电,确认仪表停电后开始工作。拆卸变送器接线,做好记录并用

绝缘胶布将接线裹好。从流通池中取出电极,并做好与变送器一一对应的标记。取电极时要小心,逆时针从流通池中取出电极,稍微打开一下样水阀,这样可放松密封圈,使电极容易拔出(不要用大力拔出电极)。将电极运回班组,妥善放置,搬运过程中应避免碰撞和摔跌。

③ 电极清洗、保养。对电极进行清洁,用干净的湿纸巾擦去电极头部的污渍。避免电极长时间接触空气,清洁后将电极顶端浸入装有除盐水的烧杯中妥善放置。清洗电极时要小心轻轻擦拭,避免磨损电极。

④ 仪表取样管路及流通池检修、清洗。检查取样管路,确保无锈蚀、无渗漏、无堵塞,必要时应进行更换。检查取样管路接头,应无锈蚀、无渗漏,对老化的接头进行更换。检查仪表取样阀门,应无锈蚀、无卡涩、无渗漏,手轮应完整、无裂纹,必要时进行更换。清洗浮子流量计,用脱脂棉将流量计内部的水垢擦洗干净,检查浮子转动是否灵活、无卡涩,检查流量计刻度是否清晰,必要时进行更换。用清洗剂和软刷清洗流通池,并用塑料布包裹好,防止落入灰尘。

⑤ 变送器检查。变送器外观应清洁、无损坏,LCD 显示清晰、完整,标牌正确。检查变送器接线端子,应无松动,绝缘良好,固定良好。

⑥ 仪表复装、校准。清洗、检查电极,按照拆除时的记号分别装回流通池并接线。将电极放回流通池时要小心,避免碰到电极头,旋转拧入电极时应注意避免拧断电极内部连接线。检查、确认接线正确无误后,给仪表上电,观察变送器显示状态是否正常。根据说明书进行校准。(注意:电极的工作部分在安装过程中应避免与手接触。)

10.7　在线电导率分析仪检修

10.7.1　设备概况

在线电导率分析仪是以数字表示溶液传导电流能力的设备。水的电导率与其所含无机酸、碱、盐的量有一定的关系,当无机酸、碱、盐在水中的浓度较低时,电导率随着其浓度的增大而增大。电导率指标常用于推测水中离子的总浓度或含盐量。

温度补偿:$0 \sim 99.9$ ℃,25 ℃为基准温度。

基本误差:$\pm 1.0\%$FS,μg/L;温度:± 0.5 ℃($0 \sim 60$ ℃)。

输出信号:$4 \sim 20$ mA。

10.7.2　检修周期及检修项目

(1) 检修周期

① 大修每 $5 \sim 8$ 年进行一次。

② 小修每年进行一次。

(2) 检修项目

① 电极清洗、保养。

② 仪表取样管路及流通池检修、清洗。

③ 变送器检查。

④ 仪表复装、校准。

10.7.3 检修准备工作

① 工作准备:办理工作票,工作人员学习危险点分析及预防控制措施。

② 备件及耗材准备:电导率电极、流量计、抹布、绑扎带等。

③ 工器具准备:活扳手、螺丝刀、万用表、尖嘴钳、钢丝钳、斜口钳、绝缘表、加长球形内六角扳手等。

10.7.4 检修工艺要求

① 表计停电、系统隔离。断开变送器电源,在仪表电源柜设置"禁止合闸,有人工作!"标识牌。关闭仪表架取样阀门,将仪表采样管路与减温减压系统进行隔离。

② 电极拆卸。验电,确认仪表停电后开始工作。变送器拆线,做好记录并用绝缘胶布将接线裹好。从流通池中取出电极,并做好与变送器一一对应的标记。取电极时要小心,逆时针从流通池中取出电极,稍微打开一下样水阀,这样可放松密封圈,使电极容易拔出(不要用大力拔出电极)。

③ 电极清洗、保养。对电极进行清洁,用干净的湿纸巾擦去电极头部的污渍。电极污染严重时,将电极顶端浸入 5% 的盐酸溶液片刻,然后用清水冲洗干净,最后将电极顶端浸入装有除盐水的烧杯中妥善放置。清洗电极时,要小心轻轻擦拭,避免磨损电极。

④ 仪表取样管路及流通池检修、清洗。检查取样管路,确保无锈蚀、无渗漏、无堵塞,必要时进行更换。检查取样管路接头,应无锈蚀、无渗漏,对老化的接头进行更换。检查仪表取样阀门,应无锈蚀、无卡涩、无渗漏,手轮应完整、无裂纹,必要时进行更换。

⑤ 变送器检查。变送器外观应清洁、无损坏,LCD 显示清晰、完整,标牌正确。检查变送器接线端子,应无松动,绝缘良好,固定良好。

⑥ 仪表复装、校准。检查、确认接线正确无误后,给仪表上电,观察变送器显示状态是否正常。用手持表进行测量数据比对,正常情况下电极可长期稳定工作。电极污染或维护测定显示异常,应更换新电极。将旧电极做好标记妥善存放备用,表计校验时对电极进行校验,根据结果调整电极常数,填写表计校准记录。

10.8 在线 pH 分析仪检修

10.8.1 设备概况

在线 pH 分析仪是用来检测样本酸碱度(pH)的仪器。它采用离子选择电极测量法实现精确检测。仪器上的电极主要有 pH 电极和参比电极。pH 电极有离子选择膜,该选择膜是一离子交换器,会与被测样本中相应的离子产生反应,从而改变膜电势,就可测得检测液体样本和膜间的电势。通过二次表分析后,可得出相应电流信号。

测量范围:1≤pH≤14。

重复性误差:pH≤±5%。

输出信号:4～20 mA。

10.8.2　检修周期及检修项目

(1)检修周期

① 大修每 5～8 年进行一次。

② 小修每年进行一次。

(2)检修项目

① 电极清洗、保养。

② 仪表取样管路及流通池检修、清洗。

③ 变送器检查。

④ 仪表复装、校准。

10.8.3　检修准备工作

① 工作准备:办理工作票,工作人员学习危险点分析及预防控制措施。

② 备件及耗材准备:pH 电极、流量计、抹布、绑扎带等。

③ 工器具准备:活扳手、螺丝刀、万用表、尖嘴钳、钢丝钳、斜口钳、绝缘表、加长球形内六角扳手等。

10.8.4　检修工艺要求

① 表计停电、系统隔离。断开变送器电源,在仪表电源柜设置"禁止合闸,有人工作!"标识牌。关闭仪表架取样阀门,将仪表采样管路与减温减压系统进行隔离。

② 电极拆卸。验电,确认仪表停电后开始工作。拆卸变送器接线,做好记录并用绝缘胶布将接线裹好。从流通池中取出电极,并做好与变送器一一对应的标记。取电极时要小心,逆时针从流通池中取出电极,稍微打开一下样水阀,这样可放松密封圈,使电极容易拔出(不要用大力拔出电极)。将电极运回班组,妥善放置,搬运过程中应避免碰撞和摔跌。

③ 电极清洗、保养。对电极进行清洁,用干净的湿纸巾擦去电极头部的污渍。如果电极上有油脂,用带酒精的纸巾擦电极;如电极非常脏,将其放入 1% 的盐酸溶液中浸泡 1 min,然后用清水冲洗干净,最后将电极顶端浸入装有除盐水的烧杯中妥善放置。清洗电极时,要小心轻轻擦拭,避免磨损电极。

④ 仪表取样管路及流通池检修、清洗。检查取样管路,确保无锈蚀、无渗漏、无堵塞,必要时进行更换。检查取样管路接头,应无锈蚀、无渗漏,对老化的接头进行更换。检查仪表取样阀门,应无锈蚀、无卡涩、无渗漏,手轮应完整无裂纹,必要时进行更换。清洗浮子流量计,用脱脂棉将流量计内部的水垢擦洗干净,检查浮子转动是否灵活、无卡涩,检查流量计刻度是否清晰,必要时进行更换。用清洗剂和软刷清洗流通池,并用塑料布包裹好。检查仪表试剂瓶密封圈,如密封不好及时更换。

⑤ 变送器检查。变送器外观清洁、无损坏,LCD 显示清晰、完整,标牌正确。检查变送器接线端子应无松动,绝缘良好,固定良好。

⑥ 仪表复装、校准。清洗、检查电极,按照拆除时的记录将玻璃电极、参比电极、温度电极分别装回流通池并连接电缆。将电极放回流通池时要小心,避免碰到电极头,旋转拧入电极时应注意避免拧断电极内部连接线。更换表计试剂,检查试剂瓶密封性应良好、无泄漏。检查、确认接线正确无误后,给仪表上电,观察变送器显示状态是否正常。电极运行正常后,用 pH 校准液对 pH 电极进行两点校准。

10.9　在线浊度分析仪检修

10.9.1　设备概况

在线浊度分析仪是基于 880 nm 的红外线光源透过光学透镜并穿透样品液,根据 ISO 7072—1993《农林用拖拉机和机械 车轴销和弹簧销 尺寸和要求》测 90°方向的散射光原理来测量原水或纯净水浊度的仪器。

工作温度范围:−25~70 ℃。

精度:<±2% FS。

输出信号:4~20 mA。

10.9.2　检修周期及检修项目

(1) 检修周期

① 大修每 5~8 年进行一次。

② 小修每年进行一次。

(2) 检修项目

① 光电探头清洗、保养。

② 变送器检查。

③ 仪表复装、校准。

10.9.3　检修准备工作

① 工作准备:办理工作票,工作人员学习危险点分析及预防控制措施。

② 备件及耗材准备:光电探头、抹布、绑扎带等。

③ 工器具准备:活扳手、螺丝刀、万用表、尖嘴钳、钢丝钳、斜口钳、绝缘表、加长球形内六角扳手等。

10.9.4　检修工艺要求

① 表计停电、系统隔离。断开变送器电源,在仪表电源柜设置"禁止合闸,有人工作!"标识牌。关闭仪表架取样阀门,将仪表采样管路与减温减压系统进行隔离。

② 光电探头拆卸。变送器拆线,做好记录并用绝缘胶布将接线裹好。从流通池

中取出探头,并做好与变送器一一对应的标记。取电极时要小心,逆时针从流通池中取出探头。

③ 光电探头清洗、保养。流动室的检查,先采用清洗剂清洗,再用清水冲洗干净,检查透镜。清洗时,如要除去黏附在透镜上的汽包,可将几滴专用清洁剂从标准溶液入口滴入流动室,确认汽包已经从透镜上被除去后再启动仪表。如汽包不能完全被除去或透镜玷污,则停表将流动室抽空,拆下透镜,用一只专用棉帽刷将清洗剂加到透镜上清洗,再用清水洗净吹干,然后将透镜复位。

④ 仪表取样管路及流通池检修、清洗。检查取样管路有无锈蚀、渗漏、堵塞,必要时进行更换。检查取样管路接头有无锈蚀、渗漏,对老化的接头进行更换。检查仪表取样阀门有无锈蚀、卡涩、渗漏,手轮是否完整无裂纹,必要时进行更换。

⑤ 变送器检查。变送器外观应清洁、无损坏,LCD 显示清晰、完整,标牌正确。检查变送器接线端子应无松动,绝缘良好,固定良好。

⑥ 仪表复装、校准。将探头放回流通池时要小心,避免用手碰到电极头,旋转拧入电极时应注意避免拧断探头内部连接线(工作部分在安装过程中应避免与手直接接触)。检查、确认接线无误后,给仪表上电,观察变送器显示状态是否正常。运行正常后,进行零位标定和量程标定。将经过浊度计过滤后的精制水作为零位标定,标定刻度为 0%,将专业挡光校验板作为量程标定,标定刻度为 79%。

10.10 双金属温度计检修

10.10.1 设备概况

双金属温度计把两种线膨胀系数不同的金属组合在一起,一端固定,当温度变化时,两种金属热膨胀程度不同,带动指针偏转以指示温度。其测温范围为 $-80 \sim 500$ ℃,它适用于工业上精度要求不高的温度测量。

精度等级:1.5 级。

保护管耐压:6.3 MPa。

安装固定形式:可动内螺纹管接头、卡套螺纹接头、卡套法兰接头及固定法兰。

10.10.2 检修周期及检修项目

(1) 检修周期

① 大修每 5~8 年进行一次。

② 小修每年进行一次。

(2) 检修项目

① 外观检查。

② 示值检定。

10.10.3 检修准备工作

① 工作准备:办理工作票,工作人员学习危险点分析及预防控制措施。

② 备件及耗材准备:酒精、抹布、聚四氟乙烯垫、绑扎带等。

③ 工器具准备:活扳手、螺丝刀、热电阻自动校验装置等。

10.10.4　检修工艺要求

① 外观检查。温度计表面用的玻璃或其他透明材料应保持透明,不得有妨碍正确读数的缺陷。各零部件保护层应牢固、均匀、光洁,不得有锈蚀和脱层现象。温度计表盘上的刻度数字和其他标志应完整、清晰、准确,指针应伸入最小分度线 1/4~3/4 内,其指针尖端宽度不得大于主分度线宽度。

② 示值检定。检定时分别向上限或下限方向逐点进行,有零点的必须先检定零点。温度计的感温元件必须全部浸没于介质,保护管浸没长度不得小于 75 mm。在读被检温度计示值时,视线应垂直于刻度盘。读数时应估计到最小分度值的 1/10。用放大镜读数时,视线应通过放大镜中心。

③ 双金属温度计检定。检定点不得少于 4 点,有零刻度的温度计校准点包括0 ℃。校准过程中,指针应平稳移动,不应有显见的跳动和停滞现象。示值基本误差应不大于仪表的允许误差限值;回程误差应不大于允许误差的绝对值;重复性误差应不大于允许误差绝对值的 1/2。经检定符合本规程要求的发给检验合格证书,不符合本规程要求的发给检定结果通知书。

10.11　电动执行器(开关型)检修

10.11.1　设备概况

电动执行器(开关型)是由电动机驱动,通过蜗轮、蜗杆减速,带动空心输出轴输出转矩的执行机构。减速器具有手/电动切换机构,当切换手柄处于手动位置时,手轮通过离合器带动空心输出轴转动;电动操作时,切换机构将自动回落至电动位置,离合器和蜗轮啮合,由电机驱动空心输出轴转动。执行机构输出轴的转动通过增速机构传至霍尔效应脉冲式传感器,而电机蜗杆轴向力产生的轴向位移传到机械式的力矩控制机构(开关机构)上,以实现阀位和力矩的控制。电动执行机构的智能控制器接收开关量控制信号,将执行机构的输出轴定位于相对应的位置上。

输入信号:脉冲开关量信号。

输出信号:脉冲开关量信号。

基本误差:角行程电动执行机构≤±1%;直行程电动执行机构(行程≥25 mm)≤±1%。

10.11.2　检修周期及检修项目

(1)检修周期

① 大修每5~8 年进行一次。

② 小修每年进行一次。

（2）检修项目

① 外观检查。

② 接线及原始数据记录检查。

③ 电动头的拆卸、执行器外观检查。

④ 行程、力矩装置检查。

⑤ 电缆绝缘检查。

⑥ 控制回路检查。

⑦ 机械传动机构检修。

⑧ 电动门复装。

⑨ 手动切换及手动试验。

⑩ 检修后通电试动作。

⑪ 行程调整。

⑫ 远方（上位）测试并记录全开、全关时间。

⑬ 验收并填写电动门验收单。

10.11.3　检修准备工作

① 工作准备：办理工作票，工作人员学习危险点分析及预防控制措施。

② 备件及耗材准备：酒精、抹布、绑扎带等。

③ 工器具准备：活扳手、螺丝刀、万用表、尖嘴钳、钢丝钳、斜口钳、绝缘表、加长球形内六角扳手等。

10.11.4　检修工艺要求

① 清灰，外观检查。检查电动执行器有无漏油现象，是否缺少螺丝，螺栓有无松动现象，受力接盘等有无碎裂现象；如有防雨罩，检查有无破损现象；检查电缆套管及蛇皮管、卡套有无松动、破损现象；电源开关有无松动、破损、焦糊现象，分合是否灵活；就地设备能否见本色。

② 接线及原始数据记录检查。接线原始数据记录应齐全、字迹清晰。

③ 电动头的拆卸、执行器外观检查。检查执行器外壳是否完整，观察窗是否清晰、无污物，手动控制按钮齐全且活动无卡涩。使用扳手将电动头从阀体上拆下，拆卸的电缆应用绝缘胶布将每根电缆芯分别包好后固定在电缆套管或放置在不会对电缆造成破坏的位置。吊装执行器时，不能使钢丝绳令手轮或控制部分受力。拆卸后检查电动头的螺栓垫圈有无损坏，接爪有无碎裂、咬边现象，拆下的电动头接盘向下用塑料布包好（防止进水或污染），放置在不影响其他检修的位置。

④ 控制器电路检查。检查控制器有无接线松动，各接插件是否完好，交流接触器吸合释放是否良好，接线件应无松动，电路板安装应牢固。

⑤ 阀门开关方向检查。阀门动作方向应正确。电机转动声音如不正常，检查电机、齿轮箱、手/电动切换部分。交流接触器动作应无拉弧现象，动作迅速。

⑥ 电动门复装。要尽量根据调试及运行人员手动操作的方便来选择安装方向，安

装时待电动执行器就位后,将螺栓用手(或扳手)轻微紧固,执行器打向手动模式,手动盘车无卡涩现象后方可紧固,紧固时应对角紧固,安装后用塑料布包好,防止进水或污染。按照原始记录将接线恢复,接线无压板的必须将电缆打圈后固定。进线口的电缆必须用绝缘胶布缠绕以防止电缆损坏,并在接线完毕后用防火泥或绝缘胶布密封好进线口,防止进水(蒸汽)。

⑦ 手动切换正常,手摇无卡涩、无异音,检查完毕后将阀门手动调至非全开或全关位置,并留有一定的余量,防止调试时损坏阀体或执行器。

⑧ 送电前将联锁(保护)回路硬接线断开,防止损坏设备。用万用表检查保险丝是否熔断,送电后检查空开输出端电压是否正常。送电时就地必须有人,并在送电的瞬间将设备切换到手动或就地状态,检查阀位有开关余量时方可进行试动作。动作时阀体与电动执行器应无异音,动作灵活无迟滞现象;开关方向正确,计数器动作方向正确,指示灯、行程、力矩开关及操作面板按钮对应关系正确。

⑨ 如阀门开关不到位,需调整阀门行程。将执行器开关力矩放至最小(力矩关阀门除外),阀门电动至全关或全开附近位置,由检修人员手摇至全开或全关位置后整定阀门行程。小范围试验正常后恢复原来的力矩设置,如无异常力矩不要调整,原则上开力矩要设定的行程比关力矩大。

⑩ 阀门力矩调整。根据阀门实际运行情况制造厂要求调整力矩开关,关向力矩调整为满力矩的 60%,开向力矩调整为满力矩的 75%。执行器关到位后,检查关力矩开关是否动作;稍开电动门后,检查开力矩开关是否动作,否则再次调整。最后,全关后检查关位置未变即可。

⑪ 远方(上位)测试并记录全开、全关时间。远方(上位)试验时就地必须有检修人员,开关时间基本一致,上位画面或远方指示灯指示正常。

电动门验收记录见表 10-1。

表 10-1 电动门验收记录表

序号	设备名称	外观	开关时间/s		验收人员签字		日期		
			开	关			年	月	日
1									
2									
3									
4									
5									
6									
7									
8									
9									

10.12 电动执行器(调节型)检修

10.12.1 设备概况

电动执行器(调节型)是由电动机驱动,通过蜗轮、蜗杆减速,带动空心输出轴输出转矩的执行机构。电动执行机构的智能控制器接收模拟量控制信号,将执行机构的输出轴定位于相对应的位置上,把实际位置以模拟量信号的形式反馈到控制设备。由位置定位器控制板接收调节系统的 4~20 mA 直流控制信号并将其与位置发送器的位置反馈信号进行比较,比较后的信号偏差经过放大使功率极导通,电动机旋转驱动执行机构的输出件朝着减小这一偏差的方向移动(位置发送器不断将输出件的实际位置转变为电信号——位置反馈信号送至位置定位器),直到偏差信号小于设定值为止。此时执行机构的输出件就稳定在与输入信号相对应的位置上。

输入信号:模拟信号 4~20 mA(DC)。

输出信号:模拟信号 4~20 mA(DC),开关量信号。

基本误差:角行程电动执行机构 ≤ ±1%;直行程电动执行机构(行程 ≥ 25mm) ≤ ±1%。

不灵敏区间:0.1%~9.9%可调。

10.12.2 检修周期及检修项目

(1)检修周期

① 大修每 5~8 年进行一次。

② 小修每年进行一次。

(2)检修项目

① 清灰,外观检查。

② 接线及原始数据记录检查。

③ 执行器外观检查。

④ 位置发送器、行程、力矩装置检查。

⑤ 电缆绝缘检查。

⑥ 控制回路检查。

⑦ 机械传动机构检修。

⑧ 执行器复装。

⑨ 手动切换及手动试验。

⑩ 检修后通电试动作。

⑪ 行程、反馈调整。

⑫ 远方(上位)测试并记录阀位反馈。

⑬ 验收并填写电动门验收单。

⑭ 阀门动作试验、检查。

10.12.3 检修准备工作

① 工作准备：办理工作票，工作人员学习危险点分析及预防控制措施。

② 备件及耗材准备：酒精、抹布、绑扎带等。

③ 工器具准备：活扳手、螺丝刀、万用表、尖嘴钳、钢丝钳、斜口钳、绝缘表、加长球形内六角扳手等。

10.12.4 检修工艺要求

① 清灰，外观检查。检查电动执行器有无漏油现象，是否缺少螺丝，螺栓有无松动现象，受力接盘等有无碎裂现象；如有防雨罩，检查有无破损现象；检查电缆套管及蛇皮管、卡套有无松动、破损现象；电源开关有无松动、破损、焦糊现象，分合是否灵活；执行器能否见本色。

② 接线及原始数据记录检查。记录外观检查时发现的异常，记录接线原始数据等。所有数据齐全、字迹清晰。

③ 电动头拆卸。使用扳手将电动头从阀体上拆下，拆卸的电缆应用绝缘胶布将每根电缆芯分别包好后固定在电缆套管或放置在不造成电缆破坏的位置。拆卸电动执行器时不能使钢丝绳令手轮或控制部分受力。拆卸后检查螺栓垫圈有无损坏，与阀门连接处有无碎裂、咬边现象，拆下的电动头接盘向下用塑料布包好（防止进水或污染），放置在不影响其他车间检修的位置。

④ 位置发送器、行程、力矩装置检查。使用万用表检查接点的接触电阻，接点的接触电阻要求不大于 0.2 Ω，接点在接通或断开时有清脆的"咔嗒"声，外部凸块及压板能及时返回初始位置，无迟滞、卡涩现象，固定牢固可靠，开关及接线无破损、焦糊现象。位置发送器固定良好，外壳无破损。

⑤ 电缆绝缘检查。使用 500 V 兆欧表检查电缆绝缘，控制回路及动力回路的对地绝缘电阻不小于 2 MΩ（检查时必须将电缆从端子排或接线柱上甩下，防止损坏设备）。将测试数据记录在电缆绝缘检查原始记录上，记录应齐全、清晰。

⑥ 控制回路检查。使用万用表检查（或目测）执行器内部及控制回路元件有无破损、松动、焦糊、锈蚀等现象。

⑦ 执行器复装。复装时要尽量根据调试及运行人员手动操作的方便来选择安装方向，安装时待执行器就位后，将螺栓用手（或扳手）轻微紧固，执行器打向手动模式，手动盘车无卡涩现象后方可紧固，紧固时应对角紧固，安装后用塑料布包好，防止进水或污染。按照原始记录将接线恢复，接线无压板的必须将电缆打圈后固定。进线口的电缆必须用绝缘胶布缠绕以防止电缆损坏，并在接线完毕后用防火堵料或绝缘胶布密封好进线口，防止进水（蒸汽）。

⑧ 手动切换正常，手摇无卡涩、无异音，检查完毕后将阀门手动调至非全开或全关位置，并留有一定的余量，防止调试时损坏阀体或电动执行器。

⑨ 检修后通电试动作。送电前将执行器打到手动状态，防止设备损坏；送电后用万用表检查空开输出端电压应正常。就地操作执行器，阀体与执行器应无异音，动作灵

活无迟滞现象,开关方向正确,指示灯、行程、力矩开关、反馈显示及操作面板按钮对应关系正确。

⑩ 行程、反馈调整。由检修人员手摇至全开或全关位置后整定阀门行程,并将机械限位进行调整(如果无行程机构,不需要进行此步骤),同时调整全开、全关位置的反馈,最后调整执行器的死区等参数。调整完毕后要求进口执行器的死区和反馈不大于1%,国产执行器的死区和反馈不大于2%。

⑪ 远方(上位)测试并记录阀位反馈。远方(上位)试验时就地必须有检修人员,开关时间基本一致,上位画面或远方指示灯指示正常。

调节门验收记录见表 10-2。

表 10-2 调节门验收记录表

序号	设备名称	外观	行程	指示及平衡/%							最大偏差/%	最大死区/%	验收签字 检修	验收签字 运行	验收日期 年 月 日
1			上行程	指令	0	20	40	60	80	100					
				阀位											
			下行程	指令	100	80	60	40	20	0					
				阀位											
2			上行程	指令	0	20	40	60	80	100					
				阀位											
			下行程	指令	100	80	60	40	20	0					
				阀位											
3			上行程	指令	0	20	40	60	80	100					
				阀位											
			下行程	指令	100	80	60	40	20	0					
				阀位											
4			上行程	指令	0	20	40	60	80	100					
				阀位											
			下行程	指令	100	80	60	40	20	0					
				阀位											

10.13　DCS 系统检修

10.13.1　设备概况

DCS 全称为分散控制系统,是以微处理器为基础,采用控制功能分散、显示操作集中,兼顾分而自治和综合协调设计原则的新一代仪表控制系统。该系统采用控制分散、操作和管理集中的基本设计思想,采用多层分级、合作自治的结构形式,每一级由若干子系统组成,每一个子系统实现若干特定的有限目标,形成金字塔结构。

10.13.2　检修周期及检修项目

(1) 检修周期

① 大修每 5~8 年进行一次。

② 小修每年进行一次。

(2) 检修项目

① 基本检修项目。

② 主控制器及功能模件检修。

③ 网络及接口设备检修。

④ 电源检修。

⑤ 电缆绝缘检查。

⑥ 系统冗余性能试验。

⑦ 系统容错性能试验。

⑧ 抗干扰能力试验。

⑨ 接地检查。

10.13.3　检修准备工作

① 工作准备:办理工作票,工作人员学习危险点分析及预防控制措施,并对系统进行备份。

② 备件及耗材准备:酒精、抹布、绑扎带等。

③ 工器具准备:防静电吸尘器、螺丝刀、万用表、尖嘴钳、防静电毛刷、斜口钳、绝缘表、信号发生器等。

10.13.4　检修工艺要求

DCS 控制系统检修工艺及质量标准见表 10-3。

表 10-3　DCS 控制系统检修工艺及质量标准

检修项目		检修工艺	质量标准
基本检修项目	1. 停运前的检查	(1) 对计算机控制系统的状况进行仔细检查。	做好异常情况记录,以便有针对性地进行检修。
		(2) 计算机控制系统停运检修前应做好软件和数据的完全备份工作。	
		(3) 检查各机柜供电电压、UPS 供电电压、机柜内各类直流电源电压、各类打印记录和硬拷贝、各模件状态指示和出错信息、各通道的强置或退出扫描状况、各操作员站和接口站的运行状况、通信网络的运行状况等。	
		(4) 测量控制室温度、工程师室和电子设备间温度及湿度。	符合有关规定或规程要求。
		(5) 检查系统报警记录。	不应存在系统异常记录,如冗余失去、异常切换、重要信号丢失、数据溢出、总线频繁切换等。
		(6) 检查计算机系统运行日志、数据库运行报警日志。	不存在异常记录。
		(7) 检查计算机设备和系统日常维护消缺记录,查看是否有需停机消缺项目。	如有停机消缺项目,必须按时完成。
		(8) 对现场总线和远程 I/O 的就地机柜进行温度等环境条件的检查记录。	应符合有关规程或生产厂的规定。
	2. 系统停运后要做的一般性检查	(1) 电子设备间、工程师室和控制室的环境温度、湿度、清洁度。	应符合有关规程或生产厂的规定。
		(2) 有电源回路的电源熔丝和模件通道熔丝检查。	应符合使用设备的要求,如有损坏应做好记录。
		(3) 检查各计算机设备。	计算机设备的外观应完好,无缺件、锈蚀、变形和明显的损伤,应摆放整齐,各种标识应齐全、清晰、明确。
		(4) 在系统设备停电后,应进行设备的清扫工作。	清洁用的吸尘器必须防静电且有足够大的功率,以便及时吸走扬起的灰尘。设备清洗必须使用专用清洁剂。
		(5) 机柜滤网拆下清洗。	晾干后装复。
		(6) 对于有防静电要求的设备,检修时必须做好防静电工作。	工作人员必须戴好防静电接地腕带,并尽可能不触及电路部分;设备应放在防静电垫上,吹扫用的设备应接地。
		(7) 各设备内外的各部件检查。	应安装牢固无松动,安装螺钉齐全。
		(8) 检查电缆敷设。	整齐美观,各种标志应齐全、清晰。

检修项目		检修工艺	质量标准
主控制器及功能模件检修	现场控制站（过程控制单元）内的主控制器和各功能模件在系统停运后的一般检修项目	（1）机组停运，其他与计算机控制系统相关的各系统停运，控制系统退出运行；将停运检修的子系统和设备停电。	检查各项措施确已正确地执行。
		（2）对每个需清扫的模件和插槽编号、跳线设置做好详细、准确的记录。	要求记录准确无误。
		（3）对模件进行清扫、检查。	外观应清洁无灰、无污渍、无明显损伤和烧焦痕迹；主控制器若配有冷却风扇，应检查和清扫冷却风扇。模件上的各部件应安装牢固；插件无锈蚀、插针或金手指无弯曲、断裂；跳线和插针等应设置正确，接插可靠，熔丝应完好，型号和容量应准确无误；所有模件标识应正确清晰。
		（4）当模件出现故障时，不要试着去修复，应更换新的。	修复元件会影响到模件的性能，留下设备安全隐患，必须更换新模件。
		（5）模件检查完毕，将机柜、机架和槽位清扫干净后，对照模件上的机柜和插槽编号逐个将模件装复到相应槽位中。	就位必须准确无误，到位可靠。
		（6）模件就位后，仔细检查模件的各连接电缆（如扁平连接电缆等）。	模件应接插到位且牢固无松动。若有固定螺丝或卡锁，则应将固定螺丝拧紧，将卡锁入扣。
		（7）模件通电前，应再次核对模件熔丝是否齐全，容量是否正确，然后将模件通电。	模件通电后，各指示灯应指示正常。
网络及接口设备检修		（1）系统通信网络检查。	① 系统退出运行。 ② 通信电缆应无破损、断线，绝缘应符合要求；所有接头应紧固无异常，保证接触良好；端子接线应正确、牢固，各接插件接插应锁紧并接触良好；终端匹配器阻抗应正确并符合要求；检修后的通信电缆应绑扎好。 ③ 光缆连接头固定螺丝应拧紧无松动，光缆布线应无弯折，并绑扎固定良好。 ④ 检查通信电缆现场安装部分，应使用金属保护套管，金属保护套管应有良好接地。 ⑤ 系统通信模件状态应指示正常（通过模件指示灯、CRT 上系统通信状态显示等来判断）；通过系统诊断工具或总线模件工作指示灯检查总线系统工作正常，无异常报警。 ⑥ 通过系统诊断工具查看每个控制子系统，检查所有 I/O 通道及通信指示均应正常。

检修项目		检修工艺	质量标准
网络及接口设备检修		（2）光电转换器、交换机等网络接口设备检查。	① 检查前应关闭设备电源,对各连接电缆和光缆做好标记,然后拆开各电缆和光缆连接。拆开光缆连接头后,应及时将连接头包扎好,以免受污染。 ② 对光电转换器、交换机等网络设备内外进行清扫,外观检查应清洁无尘、无污渍。各连线或连接电缆应正确,无松动、无断线,并再次紧固;各插头完好无损,接触良好。 ③ 仔细检查各通信接口,插件应无断裂、断线和破碎、变形,连接正常可靠。 ④ 装复外壳,上电检查,应无异音、异味,风扇转向正确;自检无出错,指示灯指示正常。
电源检修	1. 电源参数测量及UPS余量测试	（1）测量并记录两路电源参数。	电压波动<10%额定电压,频率范围为（50±0.5）Hz。
		（2）UPS余量测试。	UPS二次侧不得随意接入新的负载。在最大负荷情况下,UPS容量应有20%~30%余量。
	2. 清扫与一般检查	（1）停用相关系统,对各电源插头或连线做好标记后拔出,将整个电源（模块）取下。	
		（2）清扫卫生,查看内部元器件、电线有无脱焊、烧焦等异常情况。	无烧焦痕迹,各元件应无脱焊,各连线、连接电缆、信号线、电源线、接地线应无断线或松动,并重新紧固;电源内部大电容应无膨胀变形或漏液现象,否则应更换为相同规格的电容;检查熔丝,若有损坏,应查明原因后换上符合规格要求的熔丝。
		（3）测量变压器一次、二次之间和一次端子对地间的绝缘电阻。	变压器一次、二次之间和一次端子对地间的绝缘电阻≥50 MΩ。
		（4）装复电源模块。	检修后设备应清洁无灰、无污渍。
	3. 上电检查试验	通电检查电源电压。	通电后电源装置应无异音、无异味;温升应正常;风扇转动应正常、无卡涩（否则更换风扇）;测量各输出电压应符合要求。

检修项目		检修工艺	质量标准
系统性能试验项目	1. 系统冗余性能试验	(1) 各操作员站和现场控制站的冗余切换试验。	① 人为退出现场控制站中正在运行的主控制器,这时副控制器应自动投入工作,实现无扰切换。(测试表格见表 10-4)。 ② 对于并行冗余的设备,如操作员站等,停用其中一个或一部分设备,应不影响整个 DCS 系统的正常运行;试验时可采用停电或停运应用软件等手段检查系统运行情况,除了与该设备故障相关的报警外,应无其他异常现象发生。
		(2) 功能模件冗余切换试验。	冗余功能模件应能相互切换,复位主运行模件或将主运行模件拔出(模件可带电插拔时),系统应能正常无扰动地切换到副模件运行;系统除模件故障报警外,应无其他异常报警发生;同样进行一次反向切换,系统状况应相同。
		(3) 通信网络冗余切换试验。	① 通过诊断系统或总线模件工作指示灯来检查总线系统工作应正常,无异常报警;检查冗余总线应处于冗余工作状态。 ② 在任意节点上人为切断每条通信总线,系统不得出现通信中断情况。切除、投入通信总线上的任意节点或模拟其故障,总线通信应正常工作。 ③ 做通信类模件冗余试验,停掉主运行模件,副模件自动切换为主运行模件,通信应正常;反向切换,系统状况应相同。
		(4) 系统(或机柜)供电冗余切换试验。	① 检查确认两路电源总开关及各站电源分开关全部处于"合闸"位置。 ② 拉开主电源总开关,各站应自动无扰切换至副电源供电,检查并记录切换前后各站运行状态及失电报警情况。 ③ 合上主电源总开关,各站应自动无扰切换至主电源供电,应保证控制器不能初始化,检查并记录切换前后各站运行状态及失电报警情况。 ④ 拉开副电源总开关,各站应不受任何影响,检查失电报警情况。 ⑤ 合上副电源总开关。

续表

检修项目		检修工艺	质量标准
系统性能试验项目	2. 系统容错性能试验	(1) 在操作员站的键盘上操作任何未经定义的键。	检查操作员站和系统的反应,应不出错或出现死机情况。
		(2) 切除并恢复系统的外围设备。	控制系统应不出现任何异常情况。
		(3) 任意拔出一块 I/O 模件。	屏幕应显示该模件的异常状态,控制系统应自动进行相应的处理(如切到手动工况、执行器保位等)。
		(4) 拔出并恢复模件(模件允许带电插拔)。	在此过程中,控制系统的其他功能应不受任何影响。
		(5) 计算机控制系统通电启动后,关闭 CRT 和打印机电源(正在打印时和未打印时分别进行),然后打开电源。	检查操作员站屏幕和系统应无异常反应。
	3. 抗干扰能力试验	(1) 抗射频干扰能力测试。	用频率为 400~500 MHz、功率为 5 W 的步话机作干扰源,距敞开柜门的机柜 1.5 m 处发出信号进行试验,计算机系统应正常工作,测量信号示值应基本无变化。
		(2) 用手机作干扰源发出信号,逐渐接近敞开柜门的机柜进行试验。	记录计算机系统出现异常或测量信号示值有明显变化时的距离。
		(3) 进行热插拔试验。	当相关输入信号不变时,将模件重复两次插拔,CRT 对应的物理量示值应无变化。
		(4) 进行通道输出自保持功能检查。	① 在操作员站上对被测模件通道设置一输出值,在 I/O 站相应模件端子上读数并记下数值;将该 I/O 站系统电源关闭再打开,在相应端子上再次读数并记下数值。 ② 根据该输出量断电前后两次读数之差的一半所计算的示值最大误差,应不大于模件的允许基本误差。
接地	接地检查	(1) 满足"一点接地"要求,并联系相关人员测试接地电阻,做好记录。	当 DCS 系统与电厂电气系统共用一个接地网时,控制系统接地线与电气接地网只允许有一个连接点,且接地电阻应小于 0.5 Ω。
		(2) 检查 I/O 屏蔽线接地是否满足单端接地的要求。	不允许双端接地。

DCS 控制系统检修验收表见表 10-4 至表 10-8。

表 10-4　双控制器切换试验验收表

双控制器切换试验				
试验步骤	序号	试验步骤及标准		
	1	确认并记录切换前双控制器工作正常,控制系统无异常报警。		
	2	调出与当前试验控制器相关的过程画面、报警画面及各类型 I/O 点的实时趋势,检查无异常。		
	3	复位处于控制状态的控制器,检查备用控制器是否自动切换为控制状态,各状态灯指示正常,各过程画面、报警画面及实时趋势无异常。		
	4	按上述步骤将控制器切换至试验前状态。		
试验记录	站号	切换前状态	切换后状态	结论
试验人员			日期	

表 10-5　通信冗余模件切换试验验收表

通信冗余模件切换试验				
试验步骤	序号	试验步骤及标准		
	1	确认并记录切换前双通信模件工作状态,系统通信应无异常报警。		
	2	调出与当前试验通信模件相关的报警画面及各类型 I/O 点的实时趋势,检查应无异常。		
	3	复位处于控制状态的通信模件,检查备用通信模件是否自动切换为控制状态,各状态灯指示正常,报警画面有报警发出,实时趋势无数据中断等异常现象。		
	4	按上述步骤将通信模件切换至试验前状态。		
试验记录	站号	切换前状态	切换后状态	结论
试验人员			日期	

表 10-6　远程控制模件切换试验验收表

远程控制模件切换试验				
试验步骤	序号	试验步骤及标准		
	1	确认并记录切换前控制模件工作正常,控制系统无异常报警。		
	2	调出与当前试验远程控制模件相关的过程画面、报警画面及各类型 I/O 点的实时趋势,检查无异常。		
	3	复位处于控制状态的远程控制模件,检查备用远程控制模件是否自动切换为控制状态,各状态灯指示正常,各过程画面、报警画面及实时趋势无异常。		
	4	按上述步骤将远程控制模件切换至试验前状态。		
试验记录	站号	切换前状态	切换后状态	结论
试验人员			日期	

表 10-7　双电源切换试验验收表

双电源切换试验					
试验步骤	序号	试验步骤及标准			
	1	测量并记录两路电源参数,确认符合技术要求(电压波动<10%额定电压),频率范围为(50±0.5)Hz。			
	2	检查确认两路电源总开关及各站电源分开关全部处于"合闸"位置。			
	3	拉开主电源总开关,各站应自动无扰切换至副电源供电,检查并记录切换前后各站运行状态及失电报警情况。			
	4	合上主电源总开关,各站应自动无扰切换至主电源供电,检查并记录切换前后各站运行状态及失电报警情况。			
	5	拉开副电源总开关,各站应不受任何影响,检查失电报警情况。			
试验记录	主电源参数测量		副电源参数测量		
	操作	站号	切换前状态		切换后状态
	拉开主电源				
	失电报警情况:				
	合上主电源拉开副电源				
	失电报警情况:				
试验结论					
试验人员			日期		

备注:

本试验仅适用于设计为双路电源并能实现自动无扰切换的控制系统,对某些虽然设计为两路电源供电但不能自动切换的控制系统,不能进行此项试验。

控制系统正常运行时,应由主电源即 UPS 电源供电,发现电源切换至副电源后,应及时消除故障,恢复主电源供电方式。

表 10-8　DCS 机柜抗高频信号干扰能力测试表格

所属机组	PCU 号	所属系统	释放干扰时画面/参数	
			正常	异常
评价:		测试人员:		测试日期:

　　测试方法:打开机柜门,在距离机柜 1.5 m 处使用 5 W 以上的对讲机释放干扰信号,观察参数变化情况。

数据采集系统检修工艺及质量标准见表 10-9。

表 10-9　数据采集系统检修工艺及质量标准

检修项目		检修工艺	质量标准
1. 外观检查与维护		（1）观察各操作监视画面显示和报警状况工作是否正常。	做好记录。
		（2）检查重要参数及主要报警点是否齐全。	做好记录。
2. 系统校准项目与技术标准	（1）模拟量系统综合精度测试	① 温度系统在线路中、其他系统在系统的信号发生端（检测元件处）输入模拟信号。	通过 CRT 画面记录显示值。
		② 示值综合误差一般应不大于该测量系统的允许综合误差。	满足各项误差的要求。
		③ 综合回程误差应不超过系统允许综合误差绝对值的 1/2。	满足各项误差的要求。
		④ 若综合误差不满足要求，则需对系统中的单体仪表进行校准或检修。	满足各项误差的要求。
	（2）通道测试	① 模拟输入（AI）信号精度测试。	每块模件上的每一个通道，用相应的标准信号源在各测点相应的端子上分别输入量程 0%、25%、50%、75%、100% 的信号，在工程师站读取该测点的显示值并记录各测点的测试数据，计算测量误差，应满足相应的精度要求。（对于温度输入信号通道，热电阻输入的通道应输入温度信号；热电偶输入的通道应输入相应温度所对应的毫伏信号，并在测试前屏蔽掉逻辑内部的冷端温度补偿）
		② 脉冲量输入（PI）信号精度测试。	每块模件上的每一个通道，用标准频率信号源在各测点相应的端子上分别输入量程 0%、25%、50%、75%、100% 的信号，在操作员站或工程师站（手操器）读取该测点的显示值，记录各测点的测试数据，计算测量误差，检查触发电平，均应满足生产厂出厂的精度要求。
		③ 模拟量输出（AO）信号精度测试。	断开端子排到就地设备的信号线，每块模件上的每一个通道，通过操作员站或工程师站（手操器）分别按量程的 0%、25%、50%、75%、100% 设置各点的输出值，在 I/O 站对应模件输出端子用标准测试仪测量并读取输出信号示值，记录各点的测试数据，计算测量误差，应满足生产厂出厂的精度要求。
		④ 开关量输入（DI）信号正确性测试。	每块模件上的每一个通道，通过短接、断开无源接点，在工程师站上检查各输入点的状态变化，记录各点的测试状态变化，应完全正确无误。

续表

检修项目		检修工艺	质量标准
2. 系统校准项目与技术标准	（2）通道测试	⑤ 开关量输出（DO）信号正确性测试。	断开端子排到就地设备的信号线，每块模件上的每一个通道，通过操作员站或工程师站（手操器）分别设置"0"或"1"的输出给定值，在 I/O 站相应端子上测量其通、断状况，同时观察开关量输出指示灯的状态，记录各点测试状态变化，应正确无误。
	（3）超限报警和故障诊断功能的检查	① 当超限或故障产生时，CRT 相应点应显示报警。	显示数据底色变色，声光报警系统和报警打印记录正常。
		② 输入模拟量报警定值正确性检查。	a. 在 I/O 站模拟量通道输入端，逐渐加入模拟量信号直至 CRT 画面报警信号产生，再减小模拟量信号至 CRT 画面报警信号消失，记录报警产生和报警消失时的输入信号值，并检查报警打印记录正常。 b. 设定点误差应不大于模件基本允许误差，切换差应不大于模件的基本允许误差绝对值的 1/2。
		③ 输入开关量报警检查。	a. 一般信号在现场一次元件接线端子处短路或断开信号端子时，显示器上显示测点状态应正确。 b. 重要保护回路动作的信号，应在现场对敏感元件直接加入或减少物理量信号，使敏感元件动作，记录动作值。显示器上显示测点状态应正确，设定点动作误差和切换差应符合规定值。 c. 报警节点的通、断状态应可靠、正确，报警值设定点的动作误差应符合规定值。
	（4）输入信号短路保护校准	当二线制一次仪表由模件供电时，将输入信号短路。	故障报警显示应正确且模件应自动切断供电。
	（5）输入热电阻短路或开路检测功能检查	短路或开路对选定的热电阻信号进行试验。	对应显示器上的显示值应迅速上升并超越测量上限，故障报警显示应正确。
	（6）参数变化速率保护功能检查	测量参数变化速率保护功能应选择带速率保护的 I/O 站模拟量通道，在输入端输入一快速变化的信号。	对应点在显示器上的故障报警显示应正确，速率保护闭锁功能正常。
	（7）输出模件的输出信号短路保护功能检查	① 输出信号为电压信号时，输出信号端短路。	不损坏模件（包括端子板）。
		② 输出信号为电流量时，输出信号端开路。	不损坏模件（包括端子板）。
3. 数据采集系统输入参数真实性判断功能检测		（1）接入超量程信号。 （2）断开输入通道的回路。	检查 CRT 上显示坏点。
4. 数据采集系统实时性检测		CRT 画面响应时间应符合规定，并做好试验记录。	在调用被测画面时，对于一般画面，响应时间不得超过 1 s；对于复杂画面，响应时间不得超过 2 s。

数据采集系统检修验收表见表 10-10 至表 10-15。

表 10-10　I/O 卡件测试报告 1

I/O 卡件测试报告（模拟量输入）						
卡件位置		信号类型		模拟量输入	测试人员	
准确度等级		测试仪器			测试日期	
通道号	测点名称	输入信号（根据量程选取 5 个测试点）	示值		允许误差	实际误差
			标准值	显示值		
测试结果评价						

表 10-11　I/O 卡件测试报告 2

I/O 卡件测试报告（模拟量输出）						
卡件位置		信号类型		模拟量输出	测试人员	
准确度等级		测试仪器			测试日期	
通道号	测点名称	输入信号（根据量程 选取 5 个测试点）	示值		允许误差	实际误差
			标准值	显示值		
		输入信号（根据量程 选取 5 个测试点）				
测试结果评价						

表 10-12 I/O 卡件测试报告 3

I/O 卡件测试报告（开关量输入）							
卡件位置		信号类型	开关量输入	测试人员		测试日期	
通道号		测点名称		输入信号（1 或 0）		内部逻辑显示	
测试结果评价							

表 10-13　I/O 卡件测试报告 4

I/O 卡件测试报告（开关量输出）							
卡件位置		信号类型	开关量输出	测试人员		测试日期	
通道号	测点名称		输入信号（1 或 0）		内部逻辑显示		
测试结果评价							

表 10-14 DCS 输入参数真实性判断功能测试表

通道位置	测点 KKS 编码	测点描述	接入超量程信号,检查 CRT 上是否显示坏点	断开输入通道的回路,检查 CRT 上是否显示坏点
评价:		测试人员:		测试日期:

注:每个系统选取模拟量输入通道总数的 2%~5%具有代表性的通道进行检查。

表 10-15　CRT 画面响应时间及操作冗错能力测试报告

CRT 画面响应时间及操作冗错能力测试报告				
标准器:	测试人员:		测试日期:	评价:
操作员站	主画面名称	调用画面名称	刷新时间/s	键盘是否具备冗错能力

　　CRT 画面响应时间测试方法:通过键盘调用 CRT 画面时,从最后一个调用操作完成到画面全部内容显示完成的时间为画面响应时间。

　　CRT 画面响应时间合格标准:一般画面,响应时间不得超过 1 s;对于复杂画面,画面响应时间不得超过 2 s。

　　键盘冗错能力测试方法:在操作员站的键盘上操作任何未经定义的键时,系统不得出错或出现死机情况。

操作员站检修工艺及质量标准见表 10-16。

表 10-16　操作员站检修工艺及质量标准

检修项目	检修工艺	质量标准
1. 外观清理检查	（1）先将操作员站操作台的电源断开，用防静电吸尘器、毛刷、清洗剂进行清理；清理模件时，拆、装均应使用防静电手环和防静电垫，工作过程中应严格遵循静电敏感元件的处理注意事项。	外观检查合格，清洁。
	（2）检查连接。	检查各预制电缆的连接应符合要求。
2. 操作员站操作按钮配置	检查操作员站及少数重要操作按钮的配置应能满足机组各种工况下的操作要求。	如不满足，需增加必备的按钮。
3. 操作员站人机接口功能试验	（1）通过键盘和鼠标，在操作员站上对各功能逐项进行操作。	检查各 CRT 画面显示应正常，各功能键或按钮与各功能画面连接应正确，所有操作对应结果应正确无误。对于一些非法操作，软件应具有冗错能力。
	（2）检查操作员站权限设置是否正确。	以操作员级别登录正常。
	（3）检查各主要流程画面、主要参数监视画面、实时趋势曲线画面等。	显示正常，各动态参数和实时趋势曲线应自动刷新，刷新时间应符合要求。
	（4）检查各报警显示画面和报警窗口。	显示正常，报警提示和关联画面连接正确，报警确认功能正常。
	（5）检查历史数据检索画面显示是否正常。	输入正确的需检索的数据（如测点名）和检索时间段，系统应正确响应，并显示相应的历史数据曲线。
	（6）检查报表管理功能画面显示是否正常。	选中一张报表进行打印，系统响应正确，检查报表内容正确。
	（7）选择一幅流程图画面，触发屏幕拷贝功能。	系统响应正确，检查硬拷贝和画面应一致。
	（8）检查系统运行状态（系统自诊断信息）。	显示画面显示正常。
	（9）根据画面数据清单检查各流程画面和参数监视画面等。	各流程画面和参数监视画面等应无缺少。
4. 历史数据存储和检索功能试验	（1）选取一个趋势组。	其中应包括模拟量、开关量、操作记录、系统事件等。
	（2）查看当前时段（短期）的历史数据曲线，并显示打印曲线的数据和时间。	应正确，整个操作过程应无故障报警。
	（3）恢复已转储至移动硬盘（长期）的历史数据，并显示打印曲线的数据和时间。	显示打印曲线的数据和时间应正确，整个操作过程应无故障报警。（测试表格见表 10-17）
5. 操作员日志及报警数据存储和检索功能试验	（1）查看当前时段（短期）的报警数据，并显示打印。	应正确，整个操作过程应无故障报警。
	（2）恢复已转储至移动硬盘（长期）的报警数据，并显示打印。	显示打印的数据和时间应正确，整个操作过程应无故障报警。
6. 报表打印功能试验	（1）启动报表定时打印功能。	检查定时打印的报表格式、内容和时间应符合要求。
	（2）在操作员站上选中一张报表进行打印。	系统响应正确，检查报表内容正确。

历史趋势功能试验验收表见表 10-17。

表 10-17　历史趋势功能试验验收表

历史趋势功能试验		

试验步骤	序号	试验步骤及标准
试验步骤	1	检查历史库功能软件各项组态正常,历史点配置文件版本正确。
	2	根据情况选取不同类型的过程点,查看其实时趋势及历史趋势是否正常。
	3	检查历史站磁盘空间是否充满,对不具备自动溢出功能的历史站硬盘应及时清理。
	4	检查历史趋势打印机功能正常。

试验记录	历史库组态检查		
试验记录	过程点趋势检查	点名	实时趋势及历史趋势情况
	打印机状态		

试验结论	
试验人员	日期

工程师站检修工艺及质量标准见表 10-18。

表 10-18　工程师站检修工艺及质量标准

检修项目	检修工艺	质量标准
1. 主机及显示器检修	（1）停电后，开机壳，检查线路板。	应无明显损伤和烧焦痕迹、线路板上各元器件应无脱焊；内部各连线或连接电缆应无断线，各部件设备、板卡及连接件应安装牢固、无松动，安装螺钉齐全。
	（2）清扫机壳内外部件（包括主机的冷却风扇）。	要求清洁，无灰、无污渍，冷却风扇转动应灵活。
	（3）装复机箱外壳，检查设备电源。	检查设备电源电压等级应设定正确。
	（4）接通电源启动后，检查主机冷却风扇。	设备应无异音、异味等异常现象，检查主机冷却风扇转动方向应正确，转动正常无卡涩；设备自检过程应无出错信息，设备应能正常地启动并进入操作系统，各状态指示灯及界面应显示正常。
2. 打印机的检修	（1）打印机停电，拔下打印机电源插头。	确定已可靠断电。
	（2）清扫、检修打印机，进行绝缘测试。	清理干净打印机内的纸屑，清洁送纸器和送纸通道；外观检查应清洁，无灰、无污渍，内部电路上各元件无脱焊及断线现象，各连线或连接电缆应正确，无松动、无断线，并再次紧固所有部件；测试绝缘符合要求；对打印机的机械转动部分进行上油，油量不可过多。
	（3）装复打印机。	检查打印机各开关、跳线和各有关参数设置应正确。
	（4）上电执行打印机自检程序。	检查打印字符是否正确，字迹是否清楚，应无字符变形、黑线或墨粉黏着不牢现象。
3. 鼠标的检修	（1）试用每台操作员站的鼠标，查看有无卡涩现象。	应无卡涩现象。
	（2）关闭工作站电源，拔下鼠标与计算机的连接接头。	确定已可靠断电。
	（3）清洁鼠标。	要求清洁，无灰、无污渍。
	（4）对于有卡涩的鼠标，需打开检查和维修。	电路板上各元件不得有脱焊及断线现象，各连线或连接电缆无断线、破损现象，且连接正确、无松动，并重新固定一次。
	（5）恢复与系统的连接。	上电检查，鼠标使用应灵活无卡涩，符合要求。

续表

检修项目	检修工艺	质量标准
4. 键盘的检修	(1) 在确保安全的情况下操作每个键。	如发现有无反应、不灵活或输入错误的键，记录下键的位置。
	(2) 关闭计算机电源，拔下键盘与计算机连接的接头，断开与系统的连接，清洁、检修键盘。	外观检查应清洁，无灰、无污渍，内部电路板上各元件应无脱焊，各连线或连接电缆应无松动、断线现象，触点无异常；重点检查操作不灵活的按键，应排除故障。
	(3) 装复后接线，检查键盘与计算机的接口应无异常；上电重新检查、测试键盘的每个键。	反应应灵敏。
5. 操作系统检查	(1) 将工程师站计算机通电启动。	检查机器应无异常和异声；检查计算机启动显示画面及自检过程，应无出错信息提示，否则予以处理。
	(2) 操作系统上电自启动。	整个启动过程应无异常，无出错信息提示；对于启动时提示错误并自动修复后的系统，应重新正常停机并启动操作系统一次，检查错误是否完全修复，否则应考虑备份恢复或重新安装。
	(3) 启动操作系统后，若有可能，应关闭所有文件，启动磁盘检测和修复程序，对磁盘错误进行检测修复。	直至无任何错误。
	(4) 检查并校正系统日期和时间。	都正确无误。
	(5) 删除系统中的临时文件，清空回收站。	检查回收站确已被清空。
	(6) 检查各用户权限、口令等设置。	用户权限、口令等设置应正确，符合系统要求。检查各设备和文件、文件夹的共享或存取权限设置应正确。
	(7) 检查硬盘剩余空间大小。	应留有一定的空余容量。若有可能，应启动磁盘碎片整理程序，优化硬盘。若有必要，则备份该磁盘或卷的全部内容，然后将其格式化，再从备份中恢复该磁盘或卷的全部内容。
	(8) 检查 CPU 占有率。	数据库服务器和应用软件功能站的 CPU 平均负荷率应不大于 40%。
6. 应用软件及其完整性检查	(1) 在 DCS 系统逻辑修改等工作完成后，再次进行软件备份。	检查备份软件完整、准确。
	(2) 启动计算机系统。	计算机系统自身监控、查错、自诊断软件功能应符合厂家要求。
	(3) 检查存储设备。	存储设备应有一定的容量储备。
	(4) 启动应用系统软件。	启动过程中，应无异常，无出错信息提示。
	(5) 根据厂家提供的软件列表，检查、核对应用软件。	应用软件应完整。
	(6) 根据系统启动情况检查软件系统。	确认软件系统的完整性。
	(7) 分别启动工作站的其他应用软件。	应无出错报警。

附录 规范性引用文件

SD230—87《发电厂检修规程》

GB/T 8349—2000《金属封闭母线》

GB/T 7409.3—2007《同步电机励磁系统 大、中型同步发电机励磁系统技术要求》

GB/T 6075.2—2012《机械振动 在非旋转部件上测量评价机器的振动》

GB/T 14285—2006《继电保护和安全自动装置技术规程》

GB 50170—92《电气装置安装工程 旋转电机施工及验收规范》

DL/T 561—2013《火力发电厂水汽化学监督导则》

DL/T 596—2021《电力设备预防性试验规程》

GB/T 7064—1996《透平型同步电机技术要求》

Q/CDT-HDPC 1032—2015《化水设备检修规程》

Q/CDT-HDPC 1025—2015《电气设备检修工艺规程》

Q/CDT-HDPC 1022—2015《汽机设备检修规程》

Q/CDT-HDPC 104 0004—2012《汽机设备检修工艺规程》

GB 26860—2011《电力安全工作规程 发电厂和变电站电气部分》

《国家电力公司标准 汽轮发电机运行规程》(1999年版)

《电力设备交接和预防性试验规程》(2017年版)

国能安全〔2014〕161号文件《防止电力生产事故的二十五项重点要求》

ISO 7072—1993《农林用拖拉机和机械 车轴销和弹簧销 尺寸和要求》